The Complete Handbook of
Video Production for New Media

新媒体
视频制作
完全手册

孙一凡 尹丽贤 著

人民邮电出版社
北京

图书在版编目（CIP）数据

新媒体视频制作完全手册 / 孙一凡，尹丽贤著. --
北京：人民邮电出版社，2023.4
ISBN 978-7-115-60927-4

Ⅰ．①新… Ⅱ．①孙… ②尹… Ⅲ．①视频制作
Ⅳ．①TN948.4

中国国家版本馆CIP数据核字(2023)第013822号

内 容 提 要

本书是一本写给视频初学者的系统教程，内容包含 Vlog 拍摄、短视频节目制作、新媒体直播、短视频故事片制作这 4 个主要部分，循序渐进地讲解新媒体视频制作的相关知识。本书不仅包括摄影、布光、收/录音、剪辑等视频制作必备技能，还收录了节目策划、方案写作、剪辑进阶和节目包装、后期艺术等进阶内容，能够满足读者从入门到进阶的系统学习需求。

本书涵盖了目前常见的新媒体视频制作类型，具有较强的实用性和参考性，不仅适合视频初学者学习，也适合有一定基础的相关领域从业者阅读和参考。

◆ 著 孙一凡 尹丽贤
责任编辑 王 汀
责任印制 陈 犇

◆ 人民邮电出版社出版发行 北京市丰台区成寿寺路 11 号
邮编 100164 电子邮件 315@ptpress.com.cn
网址 https://www.ptpress.com.cn
北京九天鸿程印刷有限责任公司印刷

◆ 开本：787×1092 1/16
印张：19.5 2023 年 4 月第 1 版
字数：550 千字 2025 年 4 月北京第 4 次印刷

定价：128.00 元
读者服务热线：(010)81055296 印装质量热线：(010)81055316
反盗版热线：(010)81055315

前言
PREFACE

认识视频制作

各位好！从现在开始我们便进入了新媒体视频制作的世界。经历了从优酷、土豆时代，到Bilibili、抖音时代的巨大转变，从Web2.0时代开始，用户可以通过各种形式在互联网上发布自己的作品。2020年以来，短视频平台开始迅猛发展，如今，短视频软件已经超越交互娱乐软件和即时通信软件，成为占用用户手机使用时间最多的软件之一。同时，越来越多的社交媒体平台也都开始支持视频内容的发布，包括小红书在内的新一代社交媒体，其大量的内容都是以视频形式呈现的，甚至很多图文内容可以一键生成为视频进行播放。

在未来的Web3.0时代，必然会有越来越多的视频创作者从事内容创作，也必将有越来越多的优秀视频作品被源源不断地发布到网络上。在这样的创作环境下，大家都想拍摄和制作水平更高、更精良的视频，因为只有优秀的视频才能得到更多人的关注并最终被人们记住。

那么，到底什么样的视频才是高质量的视频呢？

在我看来，高质量的视频需要有准确的内容策划、精美的画面质量、清晰的声音、流畅的内容衔接、精准的视听语言表达、有趣的包装和特效处理、与观众的亲密互动、能够持续性产出的工作流程……也许听到这里你已经头大了，怎么制作视频需要考虑的问题如此之多！

事实确实如此，视频制作涉及从艺术到技术的方方面面。尽管硬件技术的不断进步让人们可以通过更为简单的方式去拍摄和制作视频，但即使拿起最新款的摄影机，你可能依然会茫然：到底应该拍什么内容呢？而一些刚入门视频制作的初学者，因不知道拍摄的基本方法和剪辑的基本理论，更是不知从何下手。上述这些问题，正是本书着力要解决的。到现在为止，我在视频制作领域已经实践了超过20年，还有着近10年的教学经验。我希望能把自己的经验和方法分享给大家，用直白、清晰的文字帮助毫无经验的初学者顺利进入这一领域。

本书分为4个部分。

第一部分我们会从最基础的视频制作出发，帮助你用手机快速拍摄、制作出记录自己生活的Vlog，你会发现原来手机有如此多功能。此部分还会讲解在使用手机拍摄的过程中很多需要注意的小技巧。同时，手机是一个移动剪辑平台，借助相应的手机软件，我们就能将自己拍摄的素材快速剪辑为一部短片。

当你迈入视频制作的大门后，我们会在第二部分带领你制作最常见的视频内容之一——短视频节目。我们将从短视频节目策划出发，讲解从文案写作到视频拍摄，再到后期制作的短视频节目制作的细节。

当然，如今火热的新媒体直播我们也是不会错过的，第三部分将详细讲解直播的相关知识，对齐行业最高的广播电视标准。

第四部分我们会迈进短视频故事片制作的大门。这也是新媒体视频制作中难度较大、所需技术较全面的一个部分。如果你能认真学习并掌握这部分内容，相信你一定能成为一位较为专业的新媒体视频制作工作者。

本书的内容由浅到深，知识体系完善，涵盖了常见的新媒体视频制作类型。书中提供了大量的图片和实践资料，这些资料均来自新媒体制作一线的新案例，你能从中看到行业内的工作细节。本书并不是要教给你"若干个视频制作小技巧"，因为如果没有建立知识体系，你只能照猫画虎，不能够把这些内容化为己有。当你完整阅读本书后，所有知识点会搭建成相互关联的知识体系，在此基础上再通过不断地实践和练习，你将掌握新媒体视频制作的主要技能，并且能在此基础上举一反三。

希望本书能成为你在新媒体视频制作之路上的好帮手，我们即将从这里开始我们的新媒体视频制作之旅。

孙一凡

2022年5月于北京

目录
CONTENTS

第一部分
CHAPTER
01
从头开始拍摄

CHAPTER
02
制作第一个成片

第二部分
CHAPTER
03
策划短视频节目

CHAPTER

04

文案写作

CHAPTER

05

视频拍摄进阶

CHAPTER

06

要有光

CHAPTER

07

节目声音制作

CHAPTER

10
直播环境

CHAPTER

11
开始直播

第四部分
CHAPTER

12

短视频故事片前期筹备

CHAPTER

13

短视频故事片拍摄现场

CHAPTER

14

数字影像工作流程

CHAPTER

15

后期艺术

第一部分

CHAPTER

从头开始拍摄

1.1

Vlog的制作流程

◆ 认识Vlog

万事开头难，但是一旦开始做，对于原本看似复杂的事情，我们也会有清晰的头绪。对于新媒体视频制作来说，最易入门的方式就是制作记录个人生活的视频作品。这些视频作品就像文字时代的博客（Blog），能记录美好生活、阐述个人观点、倾诉作者心声，让每个人在短视频时代拥有属于自己的展示方式，这就是Vlog（网络视频日志）。

一般来说，Vlog镜头分为个人手持拍摄的第一人称视角镜头（POV镜头，图1-1）、手持自拍镜头（图1-2）以及第三人称个人镜头（图1-3）。

声音方面，我们可用现场录制的同期声音和单独录制的画外音作为声音的主体部分，并搭配音乐和音效。

Vlog的剪辑一般以跳切为主，并不遵循一般故事片的动作剪辑原理，这也成为短视频时代Vlog剪辑的一大特点。

图1-1 第一人称视角镜头

图1-2 手持自拍镜头

图1-3 第三人称个人镜头

◆ Vlog的功能

Vlog成为短视频时代用户展示个人形象的重要方式。通过Vlog，一个个KOL（关键意见领袖）在自己的领域吸引着众多关注者。他们有些在专属领域活跃，例如美妆、萌宠、旅行、数码等（图1-4）；有些则依靠单纯有趣的生活方式和幽默的语言吸引着观众，他们制作的Vlog就像是一部真人秀风格的大型短视频肥皂剧，抚慰着观众的心灵。

除了用于个人展现，一些企业和机构也通过Vlog对自己的品牌进行宣传，因为具象的人物相较于抽象的品牌更能够打动消费者。这些企业和机构让符合自身品牌形象的人物出镜，以Vlog的形式展现工作内容或产品特点。例如央视众多主持人入驻各个视频平台，展现了多层次、立体化的主持人形象，进一步吸引观众了解央视新闻。上述内容无不体现了Vlog这种视频形式在当今短视频时代的功能。

◆ 影视制作工作流程的概念

影视制作是一种逻辑性极强的工作，尽管Vlog的制作非常简单，但从这里开始，我们必须理解影视制作工作流程的概念。

工作流程（Workflow）描述的是工作中各环节之间的步骤与规则，是一种动态的逻辑关系。它既是一种具体的工作手段，也是一种思维模式。说白了，我们需要了解工作中的各项内容，并且不能刻舟求剑般套用以往的经验。在影视制作中，我们将影视制作的各个艺术与技术环节设置为节点，而后进行质量控制和流程管理。工作流程的设计决定了影片的艺术水平和技术质量。

对于影视制作，我们一般会从艺术和技术两个层面来探讨其工作流程。尽管Vlog从时长到制作都和电影、电视剧等影视作品相去甚远，但是在影视制作的艺术前提下，它们几乎遵循一样的制作规律。要想了解这个规律，我们首先要知道影视作品制作的一般工作流程。

从艺术层面来看，一个工业级影视作品需要经历策划、剧本工作、视听语言设计、导演工作、制片工作、美术设计、声音设计、摄影艺术、剪辑艺术等数十个艺术环节（图1-5）。

图1-4 小红书上用户发布的Vlog

图1-5 小型剧组的拍摄现场

从技术层面来看,影视制作则包含摄影机和镜头的选择与设置、数据备份与数字影像工程、色彩管理与监看、剪辑技术流程、音视频同步流程、调色与输出流程等数十个技术环节(图1-6)。

图1-6 电影《流浪地球》现场拍摄技术流程

你在看到这些名词的时候不免头大,不用担心,我们会从最简单的内容开始,一步步带你进入新媒体视频制作的大门。

◆ Vlog的制作流程

对于Vlog来说,其制作流程要比普通影视作品的制作流程简单许多。尤其是在今天,很多硬件和软件的功能愈发强大、界面愈发友好、流程愈发简单,这为我们进行Vlog制作提供了便利。

简单来说,Vlog的制作主要分为**内容策划、素材拍摄、旁白写作与录制、后期剪辑、后期包装、声音制作、发布**等制作节点。

内容策划：规划影片的大致主题和时长，以及可能在影片中出现的场景和镜头。这个制作节点一般早于影片素材的拍摄，毕竟提前对影片进行规划，可以在拍摄时避免漏拍。

素材拍摄：素材拍摄会用到包括手机在内的各种拍摄工具，而它们的性能和适应的拍摄场景不完全相同，需要进行全面考虑。同时，素材拍摄还要尽可能遵循视听语言的规律，这样才能制作出画面丰富、表意明确的Vlog。

旁白写作与录制：这个制作节点有可能在素材拍摄之前，也可能在素材拍摄之后。由于Vlog的素材有很强的不确定性，因此大多数时候旁白或文案会在影片初步剪辑完成后再做调整。

后期剪辑：根据拍摄的素材和文案进行影片的剪辑。这个部分在传统影视制作中需要用较为专业的非线性剪辑软件操作完成。但如今，很多App应运而生，我们可以通过手机或平板电脑中的视频剪辑App完成大部分的Vlog后期剪辑工作。

后期包装：完成了剪辑之后，为了丰富画面的视觉效果，我们一般会给画面制作一些片头、花式文字标题、提示性文字等画面元素。

声音制作：在最终确定画面后，我们会根据画面内容进行旁白、音乐和音效的添加，同时会调节各部分声音的音量，形成合适的声音效果。

发布：影片制作完成后，我们需要调节输出选项，将影片导出为一个高质量的数字影片文件，随后上传至视频平台发布。

以上就是Vlog的大致制作流程。至此，相信你对影片制作工作流程也有了一个基本的认识。那么接下来，我将一步一步带着你，完成以上的每一个步骤，最终制作出吸引人眼球的Vlog。

1.2
规划拍摄内容

◆ 视频时长

Vlog的时长多控制为30秒~3分钟。在当今的短视频平台中，时长在1分钟以内的视频更能引起大家的关注，并能更直接地传递创作者的观点。而在中短视频或长视频平台上，视频时长多控制为1~5分钟。根据发布平台的不同，我们应该合理地规划视频时长。

当然，除了平台因素，规划视频时长主要还有以下两个角度的考虑。

一是功利主义的角度。由于短视频的传播依靠平台算法，因此我们必须要遵循平台算法的推荐规律。在大多数平台，视频的"完播率（即视频的播放完成率）"是平台评判视频是否优质的主要指标之一。因此，较短的视频更易被观众看完。有关短视频内容传播的相关问题，我会在第3章和第4章中详细阐述。

另一个则是作品质量的角度。事实上，大部分创作者在制作视频时都愿意将更多的内容展现出来。但一部视频更重要的是让观众接收创作者想传达的信息。过于主观的表达往往不能让观众感同身受，反而会让观众抓不住重点，进而影响作品的质量。因此，我们在创作时必须要学习一些简单的故事写作技巧。

◆ 内容分析

由于本书并不是一本专门讲解故事写作技巧的图书，因此我们就不在这里展开讲述相关的具体技巧。但是一个Vlog最好包含以下几个板块的内容。

主题提炼（5~10秒）：为了避免Vlog的内容沦为流水账，对于大部分Vlog，我们需要在开场后的5~10秒内对整个Vlog主题进行初步的提炼，整个Vlog就要围绕这个主题展开。例如，"今天我们去……""我遇到了一个这样的人……""我的猫……"，等等。

主题的提炼与否直接决定观众是否有兴趣继续看下去，因此我们需要对Vlog的标题和开始处的内容进行认真的设计。一般来说，拥有反差和对比的话题更能引起观众的兴趣。比如"我背着30公斤的背包上山，看到了30年都没遇到过的景象"。这并不是说做耸人听闻的"标题党"来吸引眼球，而是合理利用传播规律，让观众更快地接收到你想要传达的核心信息。这个主题也能帮助创作者更好地理清自己的观点，排除不必要的信息。

事件阐述（40~60秒）：这部分是整个Vlog的主体内容，需要阐述整个事件的过程。就如同写作文一样，事件阐述一定要做到生动有趣。在这个过程中，创作者如果能通过视频展现一两个视觉奇观或特殊的事件经历，那便是一部Vlog的亮点所在。当然，Vlog的每个镜头都需要通过视觉化的方式去叙事，这部分内容将在随后进行具体讲解。

总结（10~15秒）：一般来说，Vlog的最后10~15秒用于收尾，若时长太短，观众会觉得Vlog戛然而止，莫名其妙。在结尾中，创作者应尽量对Vlog的内容再次进行概括阐述，并对主题进行升华，将对一个生活事件的描述上升到更高层面进行解读，引发观众的思考和讨论。

当然，以上建议并不是一定要遵守的。因为Vlog的风格多种多样，有些单纯依靠美好画面和视觉奇观堆砌的Vlog，或者一些讲解小众生活方式的Vlog，依然能吸引很多观众的目光。因此，在总体内容的规划上，创作者还是应该保持对生活敏锐的观察力，尽量提取关键信息，让观众更好地接收自身想要传达的内容。

◆ 影片风格

我们发现，拥有强大持续传播力的Vlog或短视频，都有着明显的影片风格。这些风格有些表现为视听语言，如摄影或剪辑的方式，有些则为创作者撰写文案时的语言习惯。

对于影视作品，其风格往往取决于导演的艺术手段。但对于Vlog，我们不用过多深入纠结其影片风格，Vlog的影片风格更多代表了创作者自身的性格。如果创作者是一个有趣的人，那么他观察世界的方式、他的语言风格、他与周围环境相处的模式都会体现在他的Vlog之中，进而形成一种独特的影片风格。

这种影片风格能够让观众更好地辨识出创作者，并在一定程度上形成粉丝效应。例如在抖音活跃的"东北人（酱）在洛杉矶"等一批创作者创作的所谓"酱式Vlog"，就融合了东北方言、一句一跳切的剪辑方式，通过展示日常生活等，形成了一种独特的影片风格。而以"燃烧的陀螺仪"为代表的"技术流"创作者，通过无缝剪辑、匹配剪辑、运动镜头等视听语言，收获了一批喜爱快节奏短视频的观众。

创作者在创作初期可以进行一些影片风格的模仿制作，分析这些视频中的要素，并将其运用在自己的视频中。齐白石先生说过："学我者生，似我者死。"创作者一定要掌握好模仿与学习的界限。在学习优秀创作者的创作技巧的同时，更要找到适合自己的节奏和表达方式，避免东施效颦、邯郸学步。

在影片风格的创作阶段，我们主要关注以下几点。

语言风格：这是最好掌握的风格设计之一。每个人都有自己的语言风格，创作者可以在视频中的开头或结尾设计一两句口号，并在每个视频中使用，使观众形成记忆点。创作者也可以根据自己的语言特点，利用口头语、方言等形成个人的语言风格。

视听语言风格：视听语言即电影语言，是影片创作的核心技术。每一个视频都有其独特的摄影风格、场面调度风格、剪辑风格和音乐风格。在视听语言的各个层面任选其一进行深入的风格化制作，便能形成一定的影片风格。有关视听语言的具体内容，我会在本书的第四部分中逐一详细阐述。

视觉设计风格：和视听语言不同的是，视觉设计更多体现在影片的字幕设计、片头设计、插图美术设计等方面。如果你的影片是以萌宠、母婴为主题，那么字体设计就应该尽量选用柔和或稚气的字体；如果你的影片是以户外、旅行为主题，那么在视觉设计上就应该多纳入与自然相关的绿色、青色或橙色的元素。视觉设计部分的配色、样式会影响观众对Vlog和创作者的审美的评价。因此，创作者需要在细节之处多加考虑，让Vlog在细节上与整体的视觉设计风格保持一致。

同时，影片风格还受到视频平台的影响。例如在抖音、Bilibili等不同的视频平台中，Vlog的时长、画幅比例都不尽相同，我们必须了解不同视频平台中观众喜爱的内容。

1.3

手机摄影基础

　　无论是记录生活还是发表观点，我们已经确定了即将拍摄的视频的大致面貌，接下来就要正式拍摄Vlog。我们在摩拳擦掌准备大干一场时，应该先想想用什么器材来拍摄。

　　诚然，每个人都希望自己的Vlog能拥有电影一样的画面质量。但更好的画面质量便意味着你将在各个环节付出更多——携带更多的电池、布置更多的灯光、准备更大的存储空间、处理更复杂的工作流程，甚至因为机器变得更重，所以你不得不找一个助理帮忙移动摄影机（图1-7）……谁都不希望这样大费周章地拍摄一个Vlog。从更实际的角度来说，这样也会耗资巨大，毕竟拍摄Vlog的预算有限。

图1-7　电影拍摄中通常使用到更多的设备

图1-8 使用手机拍摄视频

令人高兴的是，我们现在并不需要如此费力地制作视频。随着技术的进步，摄影机越来越小型化。这里提到的"摄影机"并不仅仅指传统意义上的摄影机，而是指一切可以进行摄影的设备，例如手机（图1-8）。

图1-9 手机可以随时随地拍摄

◆ 手机摄影的优势

手机作为摄影工具有得天独厚的优势，那就是便携和隐蔽。

如今，几乎每个人都有一部智能手机。它不仅是我们重要的通信工具，更是我们完成很多工作的生产工具。Vlog的拍摄在很多时候都需要从日常生活中汲取素材，我们很少有人能随时随身携带着相机或摄影机，但几乎都会随身携带手机，因此使用手机能拍摄到更多日常生活中突发的场景，或是随时记录灵感（图1-9）。

某些场景并不方便使用摄影机进行拍摄。一些公共场合，例如大部分商家会抵触用摄影机拍摄，地铁也会有禁用摄影机的相关规定。而当你想要拍摄陌生人时，用摄影机或相机有时会让对方心生戒备。此时，用手机拍摄在多数情况下会被允许，能很好地避免产生矛盾。

手机与摄影机等相比机身小巧，因此能在一些特殊的拍摄环境中大显身手。例如在一些或高、或低、或狭窄的拍摄场景中，使用摄影机不方便取景，而使用手机便能摆脱这些困境（图1-10）。

此外，近年来手机在摄影和摄像方面的技术进步也是显著的。

首先，手机上的镜头数量越来越多（图1-11），更多的镜头意味着有更多光学变焦选择。这些镜头或者能让我们拍得更广，或者能让我们拍得更远。

图1-10 用手机在狭窄空间中拍摄

图1-11 iPhone 13 Pro的镜头组

其次，手机的图像传感器越来越好。图像传感器的作用相当于传统相机中的胶片，越来越先进的图像传感器往往伴随着越来越大的感光面积，让手机可以接收更多的光线信息，这意味着用手机拍摄的视频细节更清晰。这里不得不说，大家不必被"高达数千万像素图像传感器"的宣传所迷惑，因为像素数量仅影响所记录影像的物理分辨率，而真正的画面效果还与镜头、噪点、宽容度、色彩管理等一系列技术指标相关。更重要的是，现在常见的视频尺寸为"高清（HD）"或"超高清（UHD/4K）"，其物理分辨率是一个固定值，仅有800多万像素。因此，尽管像素是很重要的技术参数，但单纯的像素数量并不能决定一台拍摄器材的优劣。在图1-12中，使用相机和手机拍摄同一分辨率的视频，放大后可以看到手机拍摄的画面的细节还是与相机存在一定差距。

图1-12 用手机（左上）与相机（左下）拍摄同一分辨率视频的细节比较，右上图为放大后的手机拍摄画面局部，右下图为放大后的相机拍摄画面局部

　　最后，手机拥有性能越来越强大的图形处理器。图形处理器配合各种软件，可以在拍摄时提供电子稳定、实时调色、美颜滤镜等功能（图1-13），这些功能极大地方便了我们的创作。

图1-13 华为Mate 40E Pro的运动防抖功能

◆ 手机摄影的劣势

尽管手机的拍摄功能如此强大,但手机还是有很多不足之处。我们必须认识手机摄影的局限性才能更好地发挥它的功能。

手机在很大程度上追求更便携轻薄的机身,因此,手机上的影像部件必然较小,也就是手机拥有较小的感光元件和较小的镜头尺寸。尽管手机的感光元件近年来有了较大的进步,但与相机或摄影机的感光元件相比还是小很多,这意味着与相机或摄影机相比,手机从物理层面不能接收更多的光线信息,这样就使得在低光照度环境下,例如在室内或夜间拍摄时,用手机拍摄的视频会有较多的噪点,画面质量较差(图1-14)。尽管手机可以通过图像处理算法消除一部分噪点,但这会导致画面细节的缺失。

图1-14 手机在明亮环境(上)和昏暗环境(下)下拍摄的画质差异

手机更便携轻薄的机身带来的还有镜头结构的缺失。镜头是由若干组光学透镜组成的，不同的光学透镜会带来不同的光学性能，例如让光线更加均匀、画面细节更丰富等。但由于体积的限制，手机镜头往往不能用最好的光学结构来设计。更遗憾的是，大部分手机镜头中都没有光圈。光圈是用来控制进光量的机械装置，少了光圈，手机便不能借助光圈控制曝光和调整景深。此外，手机多个镜头之间的画质也有较大的差异。当我们切换镜头时，画面往往会产生颜色和曝光的变化，这也会给我们的创作带来一些困难。

现在的手机大多是一块厚度不大的立方体结构，并不是为摄影摄像专门设计的。因此在使用手机长时间拍摄时，手持手机拍摄运动镜头和固定镜头都较为不便，这个问题我们将在1.4节中详述并加以解决。手机取景仅能依靠唯一的屏幕，在强光下或某些角度下取景较为不便（图1-15）。

尽管手机有着诸多相较于传统相机、摄影机的劣势，但是总体而言，针对Vlog这种新媒体视频形式，手机还是最方便的摄影工具之一。因此，我们将学习如何扬长避短，更好地利用手机进行拍摄。

图1-15 手机屏幕在强光下取景不便

图1-16 iOS系统

图1-17 安卓系统

◆ 认识你的手机

手机主要有两大操作系统，即苹果主导的iOS系统（图1-16）和谷歌开发的安卓系统（图1-17）。当然，华为手机也发布了自己的操作系统——鸿蒙系统。苹果公司的iPhone作为互联网智能手机的开创者之一，其产品性能和软件生态一直处于行业领先地位。在2021年全球智能手机市场中，iPhone的市场占有率达到23%，位居第一。

iPhone的特点之一便是完整的生态系统和强大的软硬件整合能力。尽管从硬件上来看，iPhone的摄像头并没有太大的优势，但是凭借强大的软件算法和色彩管理，iPhone将动态影像的画面质量提高到了行业领先的水平。如今的iPhone不仅拥有强大的在低光照度条件下拍摄的能力和3个涵盖超广角、广角和中长焦的摄像头（iPhone 11以后的Pro机型），还可以通过算法在拍摄过程中提供电子稳定能力。iPhone还可以通过LiDAR激光扫描雷达，预测被摄物体的轮廓和距离，从而提供一定的后期景深制作能力。同时，部分第三方软件基于iOS和苹果公司A系列图形芯片进行了一定的优化，从而可以录制高码率、高压缩比的视频，使得动态影像质量进一步提高。苹果公司公布的iPhone 14摄影性能参数如图1-18所示。

---

iPhone 14

摄像头

双摄系统
1200 万像素主摄：26 毫米焦距，ƒ/1.5 光圈，传感器位移式光学图像防抖功能，七镜式镜头，100% Focus Pixels
1200 万像素超广角：13 毫米焦距，ƒ/2.4 光圈和 120° 视角，五镜式镜头
2 倍光学变焦（缩小）：最高可达 5 倍数码变焦
蓝宝石玻璃镜头表面
原彩闪光灯
光像引擎
深度融合技术
智能 HDR 4
人像模式，支持先进的焦外成像和景深控制
人像光效，支持六种效果（自然光、摄影室灯光、轮廓光、舞台光、单色舞台光和高调单色光）
夜间模式
全焦模式（最高可达 6300 万像素）
摄影风格
拍摄广色域的照片和实况照片
镜头畸变校正（超广角）
先进的红眼校正功能
自动图像防抖功能
连拍快照模式
照片地理标记功能
图像拍摄格式：HEIF 和 JPEG

视频拍摄

4K 视频拍摄，24 fps、25 fps、30 fps 或 60 fps
1080p 高清视频拍摄，25 fps、30 fps 或 60 fps
720p 高清视频拍摄，30 fps
电影效果模式，最高可达 4K HDR，30 fps
动作模式，最高可达 2.8K，60 fps
杜比视界 HDR 视频拍摄，最高可达 4K，60 fps
慢动作视频，1080p（120 fps 或 240 fps）
延时摄影视频，支持防抖功能
夜间模式延时摄影
视频慢录功能
传感器位移式视频光学图像防抖功能（主摄）
2 倍光学变焦（缩小）
最高可达 3 倍数码变焦
音频缩放
原彩闪光灯
影院级视频防抖功能（4K、1080p 和 720p）
连续自动对焦视频
4K 视频录制过程中拍摄 800 万像素静态照片
变焦播放
视频录制格式：HEVC 和 H.264
立体声录音

原深感摄像头

1200 万像素摄像头
ƒ/1.9 光圈
Focus Pixels 自动对焦
六镜式镜头
视网膜屏闪光灯
光像引擎
深度融合技术
智能 HDR 4
人像模式，支持先进的焦外成像和景深控制
人像光效，支持六种效果（自然光、摄影室灯光、轮廓光、舞台光、单色舞台光和高调单色光）
动态捕捉和拟人表情
夜间模式
摄影风格
拍摄广色域的照片和实况照片
镜头畸变校正
自动图像防抖功能
连拍快照模式
4K 视频拍摄，24 fps、25 fps、30 fps 或 60 fps
1080p 高清视频拍摄，25 fps、30 fps 或 60 fps
电影效果模式，最高可达 4K HDR，30 fps
杜比视界 HDR 视频拍摄，最高可达 4K，60 fps
慢动作视频，1080p（120 fps）
延时摄影视频，支持防抖功能
夜间模式延时摄影
视频慢录功能
影院级视频防抖功能（4K、1080p 和 720p）

图1-18 苹果公司公布的iPhone 14摄影性能参数

而安卓手机的硬件优势是iPhone无可比拟的。例如小米、vivo、Oppo、华为等手机厂商，其部分手机型号拥有与老牌光学镜头厂商联合研制的摄像头，这些摄像头覆盖更广和更长的焦距，并拥有更好的光学质量和更高的像素（图1-19）。有些手机甚至应用了和专业相机类似的1英寸（1in≈2.54cm，余同）CMOS传感器，拥有其他手机不可比拟的先天优势。但是在色彩管理和软硬件整合方面，大部分安卓手机都存在一些问题。例如，在切换不同焦距的摄像头时，大部分安卓手机都无法保证色彩的一致性。这些问题会给创作带来一些障碍，但安卓手机依然是我们拍摄视频时很好的选择。

图1-19 基于安卓系统的vivo X80系列手机的摄影性能参数

两大操作系统在操作上或多或少会有一些区别，并在功能上各有特色。但我们在选择手机进行拍摄时，不仅要考虑操作系统，还要考虑以下几个关键问题。

（1）手机摄像头的等效焦距及数量

等效焦距即摄像头匹配同样视角的35mm全画幅相机时的镜头焦距，也就是手机摄像头和多少焦距的135相机镜头所形成的视角是一致的。一般来说，焦距在35mm以下为广角镜头，35-85mm为中焦镜头，85mm以上为长焦镜头。如果焦距在24mm以下，通常被称为超广角镜头。

手机的主摄像头的焦距一般为28—35mm，这样的焦段能够覆盖我们日常生活中拍摄的大部分场景。但是这样的广角镜头也会有一定的局限性，尤其是在拍摄近景或特写画面时，广角镜头会带给观众很强的疏离感，不能让观众将注意力集中在主体上。因此，近几年推出的手机一般会配有后置双摄像头或三摄像头（图1-20）。除了作为主摄像头的广角镜头外，通常还配有一个中长焦镜头，用来拍摄较小的视野范围内的场景，这个中长焦镜头可以拍摄较远处的物体，也可以拍摄将环境因素排除在外的特写画面。而超广角镜头也在手机的镜头组中越来越常见，它可以带来更广的视野范围，将更多的环境容纳在画面内。超广角镜头在拍摄时受手持晃动的影响较小，拍摄的画面相对稳定。

图1-20 用华为Mate 40E Pro的3个不同焦距的镜头拍摄的画面

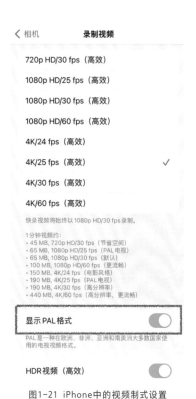

720p HD/30 fps（高效）

1080p HD/25 fps（高效）

1080p HD/30 fps（高效）

1080p HD/60 fps（高效）

4K/24 fps（高效）

4K/25 fps（高效）　　　　　✓

4K/30 fps（高效）

4K/60 fps（高效）

快录视频将始终以1080p HD/30 fps录制。

1分钟视频约：
· 45 MB, 720p HD/30 fps（节省空间）
· 65 MB, 1080p HD/25 fps（PAL电视）
· 65 MB, 1080p HD/30 fps（默认）
· 100 MB, 1080p HD/60 fps（更流畅）
· 150 MB, 4K/24 fps（电影风格）
· 190 MB, 4K/25 fps（PAL电视）
· 190 MB, 4K/30 fps（高分辨率）
· 440 MB, 4K/60 fps（高分辨率，更流畅）

显示 PAL 格式　　　　　　⬤

PAL是一种在欧洲、非洲、亚洲和南美洲大多数国家使用的电视视频格式。

HDR视频（高效）　　　　　⬤

图1-21　iPhone中的视频制式设置

（2）手机支持的帧率

　　帧率即视频每秒能够显示的画面数量。一般来说，数字影片的帧率多为24帧/秒~60帧/秒。受到传统广播电视系统的影响，数字视频也被分为PAL制式和NTSC制式。这两种制式的帧率并不完全兼容，如果混用，会造成丢帧、画面重影、画面撕裂等质量问题。大部分手机都可以拍摄这两种制式的视频，创作者在使用时要小心进行选择。如果拍摄的视频主要在国内传播，尽量选用PAL制式下的25帧/秒或50帧/秒的帧率进行拍摄（图1-21）。

　　同时，大部分手机还支持高帧率或低帧率拍摄。在影视工业中，我们将这样的拍摄称为"升格"或"降格"拍摄（图1-22）。高帧率拍摄的画面可以在播放时实现慢动作效果，而低帧率拍摄的画面则能呈现快速变化的延时摄影效果。创作者在拍摄时可以随时调整帧率，以带给观众不一样的视觉体验，让视频充满吸引力。但要注意，拍摄完特殊帧率的画面后，一定要及时调回正常的帧率。

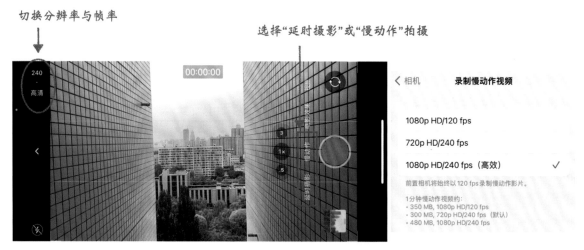

图1-22　用 iPhone进行"升格"或"降格"拍摄

（3）手机支持的视频分辨率

视频分辨率（图1-23）是指视频画面的高宽比和像素数量。如今，视频制作已全面进入高清（HD）时代，这里的"高清"是指一种视频制作标准。一般来说，高清画面的分辨率为1280像素×720像素，全高清（FullHD）分辨率为1920像素×1080像素。有些手机支持超高清画面的拍摄，其分辨率为3840像素×2160像素。超高清画面的长边接近4000像素，因此通常被称为"4K"画面（图1-23）。

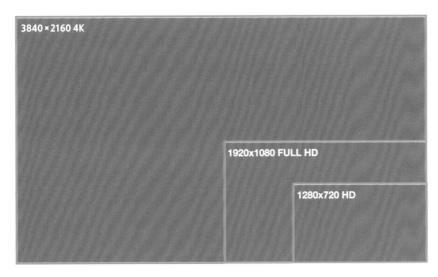

图1-23 视频分辨率

一般来说，更高分辨率的视频会包含更多的画面细节，同时会占据更多的储存空间和进行更多的芯片运算。因此在某些情况下，高分辨率和高帧率是相矛盾的。举例来说，iPhone 13 Pro在高清（HD）分辨率下的最高帧率可以达到240fps（frame per second，即帧/秒），而在超高清（4K）分辨率下，最高帧率仅有60fps（图1-24）。作为创作者，我们需要根据手机性能和创作需求，平衡设置帧率和分辨率，以达到手机性能和画面质量的平衡。

〈 相机　　　　录制慢动作视频

1080p HD/120 fps

720p HD/240 fps

1080p HD/240 fps（高效）　　　✓

前置相机将始终以 120 fps 录制慢动作影片。

1分钟慢动作视频约：
· 350 MB, 1080p HD/120 fps
· 300 MB, 720p HD/240 fps（默认）
· 480 MB, 1080p HD/240 fps

〈 相机　　　　录制视频

720p HD/30 fps（高效）

1080p HD/25 fps（高效）

1080p HD/30 fps（高效）

1080p HD/60 fps（高效）

4K/24 fps（高效）

4K/25 fps（高效）

4K/30 fps（高效）

4K/60 fps（高效）　　　✓

图1-24 iPhone 13Pro 在高清（HD）与超高清（4K）分辨率下的最高帧率

（4）手机可用的储存空间及编码格式

如今，大部分手机的内置储存空间为64GB~1TB。对于视频拍摄来说，较大的储存空间能够让我们拍摄更多的素材。由于素材会占用很大的手机存储空间，因此建议创作者选择储存空间在128GB以上的手机。

由于拍摄视频时可以选择不同的编码格式，因此，不同编码格式下，同样时长和分辨率的视频所占用的储存空间也不尽相同。部分手机支持更高级的H.265编码格式（也称HEVC格式），从而可以在占有较小的储存空间的同时实现更高的画面质量，但对手机的运算速度有一定要求（图1-25）。我们可以适时地选用更高级的编码格式，让拍摄的画面质量更高。

图1-25 苹果手机的影片格式设置

事实上，手机的软硬件设置和性能中还有很多会对视频拍摄产生影响的细节。但是作为初学者，我们只需要先了解以上几个最重要的方面。在之后的章节中，我会介绍更多会对视频质量产生影响的设置和性能，并为大家详解这些设置和性能背后的原理。你在学习完后面的内容后，可以回过头来看本章的内容，也许会有不一样的感触和收获。

◆ 手机摄影软件

了解了手机摄影硬件后，我们还需要了解手机摄影软件。和专业摄影机不同的是，使用手机进行摄影时可以通过使用各种软件来获得不一样的视觉效果，这也是用手机拍摄Vlog的优势。本书中我们仅以iPhone自带的相机软件为例进行说明。

1. 基础拍摄功能

进行基础拍摄时，我们通常会采用手机自带的相机软件(图1-26)。

在手机自带的相机软件中，我们首先需要将拍摄模式切换为"视频"。在此模式下，相机界面有以下几个组成部分。

取景界面：这是拍摄的主要界面，通过触屏操作，我们可以点选画面中的拍摄主体实现对焦（图1-27）。但要注意，大部分手机采用"相位对比"的对焦方式，原理是寻找画面中具有反差的元素实现对焦。这种对焦方式可以简化手机摄像头的结构，但对焦速度一般偏慢，并且无法对反差较小的地方对焦。如果你想要对焦的位置恰好是纯色的或反差较小，那么很可能无法顺利地进行对焦，画面会一片模糊。想顺利对焦，我们可以通过点选画面中反差较大的部分作为对焦点，例如物体的边缘。

图1-26 iPhone自带的相机软件

图1-27 取景界面

　　除此之外，我们还可以通过点选画面中的不同位置实现自动测光和自动曝光。手机的相机软件一般默认为全自动模式，在这样的模式下，点选取景界面中的任意位置，手机就会以此为基础进行自动测光和自动曝光。如果你想先固定对焦和曝光设置后再调整画面构图，还可以通过长按画面中的某一点，锁定当前的对焦和曝光设置。如此一来，无论画面构图有怎样的调整，画面的对焦和曝光设置都不会有任何改变。

　　摄像头切换按钮：一般来说，摄像头切换分为前后置摄像头切换和后置摄像头之间的切换两种。通过点击前后置摄像头切换按钮（图1-28），我们可以在前后置摄像头之间进行切换。前置摄像头一般是广角摄像头，主要用于自拍，它可以让我们在面对镜头的同时通过屏幕观察自身的状态，便于我们独自拍摄Vlog中的个人讲述部分。但请注意，由于我们平时都是竖握手机，如果我们拍的Vlog要横屏播放，那么就要在拍摄时注意持握手机的方向，否则拍摄的画面可能不符合观众的观看习惯，从而让观众感到不舒服。

前后置摄像头切换按钮

图1-28 iPhone手机的前后置摄像头切换

除了前后置摄像头切换按钮,还有一个按钮可实现后置摄像头之间的切换。现在的手机多后置多个摄像头,我们可以通过切换不同的后置摄像头来调整取景范围(图1-29)。

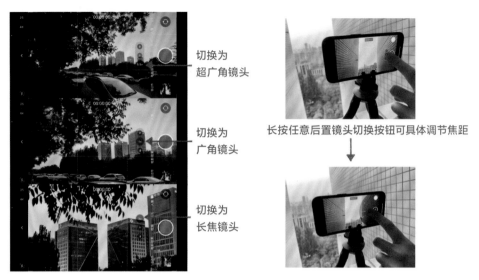

图1-29 iPhone 13 Pro在后置摄像头之间的切换

一般来说,我们可以通过在屏幕上做张开双指或闭合双指的动作来扩大或缩小取景范围,手机会通过内置的电子变焦功能来模拟相应的效果。

多个摄像头除了能给我们带来拍摄得更广和更远的好处之外,也为画面的视觉表达提供了丰富的选择。我们可以在拍摄人物或物体的特写时尽量使用长焦镜头,这样能更好地减少周围环境对画面的影响;在拍摄环境、人物动作及其他运动镜头时,可以使用广角甚至超广角镜头来塑造画面的冲击力(图1-30)。

图1-30 用广角镜头拍摄的画面几乎能够展示房间的全貌,同时突出了人物状态

在拍摄前，我们应该先根据画面的内容来选定合理的镜头焦距，然后通过前后走动确定构图。而不是站在原地不动，仅仅通过缩放画面来构图，这样很可能导致画面表意不够准确，甚至出现与画面不匹配的视听语言。关于镜头焦距的进阶内容我会在第5章中为大家详细阐述。

帧率和分辨率：分辨率越高，我们就会得到更多的画面细节，而高帧率会带来更加流畅的画面。一般来说，如果在一般的视频平台上发布，高清（HD）分辨率即能满足画面要求。如果想要更多的画面细节，可以选择4K分辨率，而帧率一般选择25fps或50fps（图1-31）。

更高的分辨率和帧率带来的是视频文件所含数据量的极大增加。因此在拍摄高分辨率和高帧率的视频时，建议大家预留足够的储存空间。

图1-31 iPhone中的分辨率与帧率设置

曝光补偿：简单来说，曝光补偿就是指在手机自动测光的基础上让画面变得更亮或更暗。我们可以通过长按屏幕进行曝光设置的锁定，也可以通过长按屏幕后上下滑动来调节画面的明暗。

一般来说，我们可以在不同风格的画面中通过调节曝光补偿来获得相应的效果。比如我们在逆光拍摄时，可以通过减少曝光形成"剪影"的效果，也可以通过增加曝光形成亮调的视觉效果。曝光值没有绝对的对错，我们一定要想清楚自己想要什么效果，再做曝光补偿的调整。

2. 特殊拍摄功能

除了基础拍摄外，我们还可以通过手机相机拍摄很多 "视觉奇观"。这些"视觉奇观"让视频变得更吸引人眼球，还可以更好地表现某些特定的内容。

慢动作（"升格"拍摄）功能将对现实生活的记录放慢，从而创造出唯美浪漫的气氛，通过这种功能我们还可以展现现实生活中肉眼不易观察到的高速运动细节（图1-32）。

图1-32 慢动作拍摄

延时摄影("降格"拍摄)功能能将所拍摄的较长时间的画面压缩变短,从而快速展现时空的变化(图1-33)。延时摄影功能通常用于展现时间的流逝或天气的变化,相应画面在视频中常作为定场镜头或转场镜头。

图1-33 延时摄影

图1-34 华为Mate 40E Pro的双景拍摄功能

如今，有些厂商推出了特殊摄影设备或手机摄影附件，我们甚至可以利用手机完成360°拍摄。一些手机上也有如"双景拍摄"等特殊视频拍摄功能（图1-34）。这些功能都利于我们创作更多的"视觉奇观"或方便我们展现某些特定的题材。但是在使用前我们还是要充分地想清楚要表达的内容，毕竟这些功能只是服务于拍摄的手段。

◆ 手机摄影基本操作

了解了手机的软硬件后，我们开始正式的拍摄吧！手机摄影的基本操作非常简单——拿起手机并点击录制键，似乎没有难度可言。但是为了拍好画面，我们还是要注意以下事项。

在摄影时，尽量双手持握手机，大臂夹紧，小臂放松（图1-35）。大臂夹紧有助于减缓在拍摄时的肩部疲劳感，还可以在拍摄时尽可能地保持手机的稳定。

图1-35 用手机摄影时持握手机的姿势

开始拍摄后，如果需要对设置进行修改，例如变焦或者调整曝光，尽量轻触屏幕进行调整，避免过分用力导致画面抖动。

拍摄运动镜头时，要尽量使用广角镜头，避免使用长焦镜头进行手持拍摄，这样可以使画面尽可能平稳。若要拍摄更复杂或更激烈的运动镜头，我们也可以使用运动辅助工具进行拍摄。

在一些特殊角度的拍摄中，我们可能会单手持握手机拍摄。此时，我们可以使用手机侧边的音量键启动拍摄，避免为了用手指触碰屏幕上的录制键而导致手机脱手。我们也可以通过连接有线耳机，使用有线耳机的音量键启动拍摄（图1-36）。

总而言之，尽管用手机拍摄视频非常方便和简单，我们在拍摄时依然要注意动作姿势和使用技巧的准确，保证画面的稳定和设备的安全。必要时，建议为手机装上更专业的防护外壳或腕带，这样的多重保障可以让拍摄更加安全。

图1-36 使用有线耳机的音量键启动拍摄

1.4

手机摄影辅助工具

过去，如果你想要摄影机运动起来，需要非常复杂的运动辅助设备。因为摄影机体积庞大且沉重，想要移动它可不是一件轻松的事情。幸运的是，随着科技的进步，摄影机愈发小型化，现在我们还可以利用手机实现较高质量的动态影像拍摄。

尽管如此，无论是手机的固定还是移动，全靠我们的双手还是有点难度。毕竟并不是所有人的双手在持握手机时都足够稳定。那么这时，手机摄影辅助工具就不可缺少了。

除此之外，手机自带的摄像头在焦距和对焦方面都有限制，为了拥有更丰富的镜头效果，我们还可以采用附加镜头、小型灯光设备等为视频画面增光添彩。

◆ 固定工具

用手机拍摄视频时，运动镜头几乎是随时存在的，固定镜头反而成了"异类"。但是，固定镜头也是视频中不可缺少的重要部分。分享日常生活时，很多第三人称个人镜头为固定镜头。如果镜头画面晃晃悠悠的，很快就会让观众感到不适。

传统的固定工具包含三脚架和云台。请注意，这是两个不同的机械装置（尽管它们总是成套销售）。对于手机摄影来说，三脚架并不需要过于沉重，云台更是可以小型化。

便携式三脚架有两种不同的形态：一种是专门为手机设计的，其形态更像小型闪光灯支架，底部拥有3条可展开的腿，架身能够将手机固定在与被摄物体相近的高度上。这种三脚架只能用于支撑手机，甚至不能支撑卡片相机。在使用过程中，这种三脚架容易被吹倒，在风力较大的室外使用时要特别注意。但这种三脚架的优势在于，它不仅可以用于固定拍摄，也可以充当自拍杆进行移动拍摄（图1-37）。

另一种的桌面式三脚架拥有常规三脚架的稳定形态，可以说是一个缩小版的常规三脚架（图1-38）。这种桌面式三脚架一般用一个标准的1/4螺丝来固定手机。将它放在桌面上，它能够提供很好的拍摄视角，可用于自拍或者拍摄一些桌面上的细节物品（例如拍开箱视频）。但是在户外使用这种三脚架时，必须将其放置在较高的位置，否则就只能提供较低的拍摄视角，会对构图产生较大的影响。

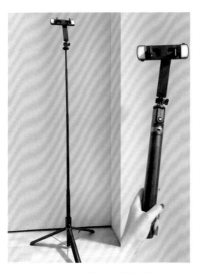

图1-37 手机专用便携式三脚架

图1-38 桌面式三脚架

在不同场合，我们需要不同的固定高度和稳定性，因此我们应根据自身需求选择合适的三脚架。这两种工具的价格都不太高，大家通常都购买得起。我并不推荐将传统三脚架作为手机摄影辅助工具。尽管传统三脚架用于支撑手机非常稳定，但是手机创作讲究方便快捷，传统三脚架动辄1kg以上的重量和收纳起来超过50cm的长度，非常影响创作效率。

◆ 运动辅助工具

尽管现在大部分手机都有电子稳定功能,对于一些运动镜头,不使用运动辅助工具也能拍摄出较好的效果。但是在持续的运动镜头拍摄中,我们的双手并不能一直保持稳定。而且在拍摄过程中调整拍摄参数或要实现某些拍摄效果,用手持的方法通常较难实现。由于调整任何参数都需要触碰手机屏幕,而我们又很难在单手操作的同时保证拍摄的稳定性,因此,我们需要借助运动辅助工具来完成一些持续性、较复杂的运动镜头的拍摄。

图1-39 手机稳定器

如今,专门为手机设计的稳定器已经极为成熟。手机稳定器(图1-39)的工作原理是将手的抖动或不规律的运动通过陀螺仪算法和电机运动抵消,让手机拍出的画面稳定丝滑。

便携性往往是购买手机稳定器时需要考虑的第一因素。大部分手机稳定器落在家"吃灰"的原因就是过于巨大,毕竟出门在外,谁都不想拿着比手机大得多的手机稳定器拍摄。同时,手机稳定器需要尽可能地方便固定和拿取手机,毕竟对于手机来说,更多的使用场景是拿在手上而非固定在手机稳定器上。最后,我们还要考虑手机稳定器是否能拥有更多的附加功能。

很多手机稳定器都可以结合软件实现"自动跟踪主体"的功能,这对于个人创作者来说非常有用。将手机和手机稳定器放在适当的位置,手机稳定器便会自动跟踪被摄物体,这在拍摄有关舞蹈、运动等题材的镜头时尤为实用。

通过手机稳定器,我们还可以拍摄例如"滑动变焦"或"镜头旋转"等"视觉奇观",为视频画面增色添彩,吸引观众的眼球。

◆ 附加镜头

如今,大部分手机拥有3个甚至4个摄像头。但是相对于专业摄影机来说,手机镜头的焦段还是不够丰富,尤其是不同镜头之间的画质差异较大,让我们在视频创作中有时捉襟见肘。因此,手机附加镜头应运而生。

最简单的附加镜头就是用一个夹子固定在手机摄像头前的镜头。这种附加镜头简单易用,但是每次使用时都需要对准摄像头的光心进行调试,否则画面便会出现黑边或暗角。稍微高级一些的附加镜头可以配合专门的手机壳使用,对镜头进行固定,但这种附加镜头一般价格较高。

附加镜头可以分为以下几种类型。

鱼眼附加镜(**图1-40**):这种附加镜头会使画面产生强烈的桶形畸变,形成类似"鱼眼"或"猫眼"的夸张视角,用于拍摄某些场景会取得新奇的效果。鱼眼附加镜会让视野内的直线变弯曲,所拍摄的运动镜头容易让人感到眩晕或产生不适感,需尽量避免。

长焦附加镜（**图1-41**）：这种像望远镜一样的附加镜头会增强长焦镜头的效果，如果要拍摄远处的物体，用它再合适不过了。长焦附加镜会使画面具有强烈的压缩感，让实际上距离较远的物体在画面中看起来距离很近。但请注意，使用长焦附加镜拍摄时尽量用三脚架固定手机，否则很难获得稳定的画面。

图1-40 鱼眼附加镜

图1-41 长焦附加镜

微距附加镜（**图1-42**）：近距离拍摄某些物体时，我们很可能会发现无论如何设置，手机都无法准确对焦，那么此时我们就可以使用微距附加镜，它不仅便于拍摄一些超小物体或物体细节，还能提高手机镜头的放大倍率。但请注意，微距附加镜也需要固定手机才能拍出较稳定的动态画面。同时，当物体距离镜头过近时，微距附加镜可能会阻挡光线，被摄物体上产生阴影，此时我们需要使用小型补光来消除这些阴影。

图1-42 微距附加镜

1.5

清晰的声音

前文已经介绍了这么多有关摄影的内容了，想必你已经跃跃欲试准备开始拍摄了吧？但请你想象这样一个场景：当你拍摄完所有的画面，发现视频中的说话声忽大忽小，甚至风声将人声完全淹没……此时你会做何感想呢？

◆ 声音对于Vlog的意义

有清晰的声音，Vlog就成功了一半。事实上，Vlog中的很多内容都要依靠声音展现，如介绍内容、表达观点等。

我们一般会将影片中的声音分为人声、音效、音乐。而在Vlog中，声音主要分为3种：同期声、画外音、音乐和音效。

同期声是指我们在拍摄现场实时录制的声音。同期声具有强烈的感染力，能够让观众感同身受地沉浸在Vlog之中。

画外音是对Vlog内容的进一步补充。当然，我们可以在Vlog中全部使用画外音。但我觉得，同期声对于影片现场气氛的渲染作用是画外音很难替代的。除非你的Vlog完全采用一种冷峻客观的风格，否则，画外音的比例不宜超过一半。

音乐和音效也是声音中的重要组成部分。在Vlog中，音乐和音效不宜喧宾夺主。在如剪映等手机剪辑软件中，有很多音乐和音效，我们可以适当加以使用。但是有些创作者会将很多音乐或音效随意加在Vlog中，让影片风格变得不统一。为了避免这种情况，我们需要在制作时对声音有一个总体的设计。如果要选用两首音乐，就应该让它们一以贯之，共同烘托Vlog的气氛。如果需要加音效，就应该想好音效出现的契机，将音效加在需要的位置。这样统一的声音设计会让Vlog更有整体感。

当然，对于同期声和画外音来说，清晰的声音录制必须通过合理的硬件设备来实现。

◆ 录音硬件

我们拍摄时最基本的录音设备是手机自带的麦克风，它用起来十分便捷，但也存在种种弊端：手机麦克风的指向性非常不明确，由于它和手机是一体的，在拍摄远景镜头时，不能收到清晰的声音，甚至人物在说话时稍微转头都会影响所收录声音的音量；手机麦克风在有风的情况下会产生明显的风噪，因此不适合在有风的情况下使用。

　　为了解决这些问题，我们可以通过有线麦克风进行录制。大多数有线耳机都带有麦克风，我们可以在拍摄中使用它进行录音。请注意，录制时不要正对着麦克风或靠得很近，因为强烈的声音气流很可能会让声音"爆"掉。应该将麦克风放在嘴巴下方一点的位置，避免声音气流正对麦克风。

　　有线耳机在画面中非常碍眼，而且拍摄角度会受线的长度影响。如果想要进一步拓展声音录制的距离，推荐使用无线耳机进行录音。一般的无线耳机（例如Airpods）都有内置的麦克风，录制时人物在距离手机10m以内的范围内走动也能保证音量的一致性，这基本满足了普通的Vlog的现场收音要求。

　　但是无线耳机依然有很多不足之处。尤其是无线耳机通常戴在耳朵上，距离嘴巴有一定的距离。同时无线耳机声音收音的指向性不明确，收录的声音较容易受到周围环境音的影响。想象一下，你正在镜头中分享自己的体验或感悟，周围游客嘈杂的声音不时地出现，这想必是非常糟糕的。

　　此时，我们不得不使用更好的、更适合拍摄Vlog的录音设备——无线麦克风，这种设备也被称为"小蜜蜂"。它一般由发射器和接收器两部分组成，发射器连接着（或者内置）微型麦克风，通常固定在衣领上（因此也被称为领夹麦，图1-43），接收器则连接着手机。利用它，我们便可以录制到清晰的声音了。

图1-43　领夹麦

◆ 录音技巧

尽管我们可以用更专业的设备来保证声音的清晰，但如果设置不对或是没有及时捕捉到需要的声音，视频的声音质量也会大打折扣。因此在前期录音时我们需要注意以下几点技巧。

无论你用什么设备收集声音，请让麦克风指向声源并尽可能地靠近声源。大部分麦克风都有一定的指向性，因此需要将麦克风朝向声源，比如我们的嘴部。但这并不是指让它对着或贴着嘴巴。前文提到过，我们应该避免声音气流直接进入麦克风，以防止产生风噪，因此可以在将麦克风置于偏嘴巴侧面一点的地方，并始终注意麦克风头部的指向。

在录音时应避免音量的突然变化。我们如果预知可能发生某些的巨大声响（例如烟火声、喊叫声等），应提前在拍摄软件或麦克风发射器上设置较低的声音等级，避免声音超过电平而产生噪声（俗称"声音爆了"）。

最后，我们可以录制除了对话之外的一些环境音，在视频剪辑时很可能会用得上。

02

制作第一个成片

2.1

认识剪辑

◆ 认识剪辑

剪辑，通俗来讲就是先对我们拍摄的素材进行选择，再进行分解、组接、编辑，整合成连贯完整的视频。剪辑作为影视艺术的一个专门领域与视频制作的一个重要流程，包含着大量的技巧与智慧。一个好的剪辑师需要具备一定的美学素养，综合掌握电影知识，对于故事和节奏有敏锐的理解力和洞察力，这往往需要大量的阅片经历和剪辑经验的积淀。

尽管如此，大家大可不必对剪辑望而却步，因为我们一旦掌握了剪辑的基本原理和基础方法，便能很快地参透剪辑的奥秘，感受到剪辑的乐趣。事实上，剪辑可谓新媒体视频制作流程中最妙趣横生的一环，通过剪辑，我们便能化身为一位魔法师，将在生活中拍摄的有趣的素材连接在一起，得到一个记录生活的Vlog；我们也可以发挥创意，将不同的素材剪切重组，赋予其新的意义；我们甚至可以通过剪辑工具让主人公迅速置身于不同的场景，实现各种在真实生活中无法实现的效果。在这一章中，我会带大家一同进入神奇的剪辑世界，了解基本的剪辑方法。

◆ 剪辑的任务

小至30秒的Vlog，大至两个小时的电影，都离不开剪辑。尽管不同的作品所承载的剪辑体量、风格和方法不同，但剪辑的任务基本可以归纳为3个方面：**合理地选择和使用素材、编辑素材、调整整体结构与控制节奏**。当然，高质量的视频制作还会涉及更高的任务和要求，但只要完成以上3个任务，我们基本能够完成一个完整的Vlog的剪辑，得到较为理想的播放效果。

合理地选择和使用素材：我们在拍摄Vlog记录生活的过程中，可能会留下大量的视频素材，但是并不是拍摄的所有视频素材都能够为我们所用。精心挑选拍摄的视频素材，合理地取舍将要使用的视频素材，是我们成功剪辑的第一步。另外，不仅视频素材可以为我们所用，好的图片、音乐、文字（字幕）、语音、音响（音效）素材等都可以为我们的Vlog锦上添花。

编辑素材：素材的编辑自然是剪辑任务中最重要的一个。编辑素材的核心要义就是将素材按照一定的逻辑和顺序连贯地连接在一起，保证动作、语言、造型和情绪上的连贯。一般我们会按照时间顺序对素材进行编辑，适当地采用倒叙的方式将一些精彩片段放在开头作为精彩预告，而利用插叙的方式给观众带来出其不意的感受也是常用的剪辑思路。我们还需要注意音乐和声音的连贯性，一方面需要保证声音与画面匹配，另一方面需要适当利用声音作为过渡工具，保证音乐素材的衔接过渡流畅。

调整整体结构与控制节奏: 基本的素材编辑工作完成后, 我们需要检查和调整视频的整体结构, 检查镜头、段落和场景的衔接是否存在问题, 也需要检查Vlog中是否存在某个部分过于冗长导致视频节奏失衡的情况。视频创作者还需要思考视频的高潮部分应该在什么时间出现。好的节奏把控能够让Vlog更加引人入胜, 持续吸引观众的注意力。

2.2

视频剪辑软件

◆ 视频剪辑软件的选择

视频剪辑软件的选择常常是令初入新媒体视频制作领域的朋友感到迷茫的一个问题。市面上的视频剪辑软件虽然种类繁多, 但是基本的剪辑思路和方法都大同小异。因此, 大家大可不必为视频剪辑软件的选择而过分焦虑。

如果你想要完成的是基础的Vlog剪辑, 剪映之类的手机端剪辑软件就可以满足你的基本需求。这些软件操作方法简单, 内置模板、音乐、滤镜和简单的转场功能, 即使是剪辑 "小白" 也能轻松掌握。但如果你对你自己的Vlog提出了更高的要求, 想要制作更为专业的视频, 那么使用Adobe Premiere Pro、Final Cut Pro之类的专业非线性剪辑软件, 就能使你的Vlog制作更上一层楼。

在时间和精力允许的情况下, 我鼓励大家系统地选择并学习一款专业非线性剪辑软件。初学者只需先学习基本的剪辑功能, 再根据自己的视频制作需要和制作时萌生的创意而逐渐探索新的剪辑功能和方法。当然, 现在的手机端剪辑软件的功能愈发强大, 其中不乏令人惊喜的功能, 能够帮助我们高效地完成一些有趣的视频剪辑。即使你已经成为一个剪辑高手, 在时间紧或者手头没有电脑的时候, 剪映、Videoleap这类手机端剪辑软件也可能给你带来意料之外的便利和惊喜。

◆ 手机端剪辑软件

市面上的视频剪辑软件可谓五花八门, 各有千秋。对于简单的Vlog剪辑, 剪映、Videoleap这类手机端剪辑软件基本可以胜任。其中, 字节跳动于2019年推出的剪映 (图2-1) 以其较为全面、便捷且不断更新的功能，获得了大批新媒体视频创作者的青睐。自2021年2月起，剪映支持在手机端、Pad端、Mac电脑端、Windows电脑端等全终端，这意味着剪映从简易的手机端剪辑软件向更加专业的视频剪辑软件迈进。在本书中，我们以剪映作为手机端剪辑软件的代表，向大家介绍使用手机端剪辑软件进行剪辑的基本方法。

图2-1 剪映

◆ 专业非线性剪辑软件

提到专业非线性剪辑软件，目前新媒体视频创作者广泛使用的是由苹果公司开发的Final Cut Pro和由Adobe公司出品的Adobe Premiere Pro。

Final Cut Pro的优势在于剪辑的流畅性、操作的高效性和对于不同媒体文件格式的广泛兼容性，软件自带的模板对于Vlog创作者也非常友好。但Final Cut Pro并不支持在Windows电脑端使用，为了兼顾不同读者的电脑使用情况，我在本书中不会单独介绍Final Cut Pro的使用方法。

Adobe Premiere Pro（Pr）的最大优势莫过于背靠Adobe这一强大的软件公司，其与"Adobe全家桶"（图2-2）中包括专业图像处理软件Adobe Photoshop（PS）、图形视频处理软件Adobe After Effects（AE）、矢量图形处理工具Adobe Illustrator（AI），以及数字音频编辑软件Adobe Audition（AU）在内的多个软件都可以完美兼容并协同工作。例如，当我们希望借助AE完成视频的包装制作时，可以直接将AE的工程文件导入Pr中进行剪辑与合成。我们在AE中修改保存的内容，在Pr中也会同步完成修改，无须重新导入。这意味着我们能够在视频的制作过程中大幅提升制作效率并减少画质折损。另外，Pr与专业调色软件达芬奇（Davinci Resolve）也可相互兼容并协同工作。Pr作为兼容Mac和Windows电脑端的专业剪辑软件，受到了大量专业剪辑工作者的青睐。我也将以Pr为例，在本书第8章中向大家介绍专业非线性剪辑软件的基本操作方法。

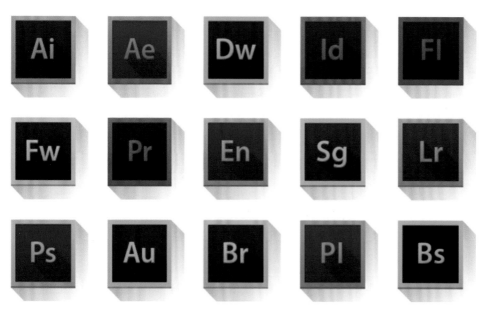

图2-2 "Adobe全家桶"

2.3

素材管理

无论你选择简易的手机端剪辑软件还是专业非线性剪辑软件,素材管理在剪辑工作乃至整个视频制作工作中都是非常重要的一环。素材管理包括对素材的**存储与备份**、**素材的整理与分类**、**素材的挑选**、**素材与文件夹的命名**等。

◆ 素材的储存与备份

我们都不希望拍摄的素材不慎丢失或损坏,让辛苦付诸东流。因此,养成及时储存与备份素材的良好习惯就非常必要。完成拍摄后,我建议大家尽快将拍摄设备中的素材导出,储存在电脑、移动硬盘等安全的储存设备中,并尽可能在不同的储存设备中备份两次。即使创作者使用手机拍摄和剪辑素材,我仍鼓励大家将所有素材在电脑和移动硬盘中备份。有不少创作者有在网盘等网络存储空间储存及备份素材的习惯,这其实是存在风险的,因为用网络存储空间储存与备份素材存在素材被强行删除或意外泄露的可能。

无论是Vlog、宣传片、广告还是微电影,我们拍摄的素材数量往往会大于剪辑中实际使用的素材数量。我建议大家每次拍摄都保留完整的素材,即使当前的剪辑工作中并未使用某些素材,我们也可能会在将来其他的视频项目中使用到,特别是一些中性镜头和空镜素材,被再次使用的可能性较大。另外,剪辑工作往往会面临反复的修改和更新,即存在一些素材被替换的可能,完整保留拍摄素材能够为我们未来剪辑工作的顺利进行提供保障。

◆ 素材的整理与分类

素材的整理与分类是剪辑工作高效进行的重要保障。在电脑中建立不同的文件夹将素材按照一定的规范进行严格的分类并对文件夹进行命名,能够帮助我们大幅提升后续的工作效率。如果我们使用的是剪映这样的手机端剪辑软件,那么除了在电脑或移动硬盘中完成素材的整理与分类工作外,还需在手机相册中建立相薄、文件夹等(具体看手机具有怎样的整理功能),也可利用手机中的各种标记功能对素材进行简单的注释与管理。

◆ 素材的挑选

在素材挑选阶段，我们需要整体浏览并初识素材。在对素材有了大体的了解和把握之后，我们便需要更仔细地观看和研究每一段素材，挑选出预备使用的素材。在素材的初步筛选阶段，我们首先会筛掉一些存在明显问题的素材，如对焦失败、画面摇晃、穿帮等。我们的素材中也常存在对相同内容进行重复拍摄的情况，我们需要在几个重复的素材中选择效果最理想的进行保留。部分剪辑师可能会将素材的挑选、素材的整理与分类、素材与文件夹的命名工作同时进行。这一阶段并不需要我们明确地选出剪辑时使用的素材，因为我们在剪辑的过程中会对素材进行更严谨的筛选、比较。

◆ 素材与文件夹的命名

请相信，形成严谨的素材与文件夹命名规范，并养成良好的整理与归纳的习惯真的十分重要！若剪辑工作是在手机端剪辑软件中进行的，那么素材多源于并储存于手机相册，建议大家可利用相册的标记和相簿等功能将素材分类并按照一定的规范进行命名。在各种添加日期、项目类型及作品名称是较为严谨且利于查找的方法。而在电脑和移动硬盘中备份的素材，我们可以进行更为细致的归纳和整理。

需要注意的是，若剪辑工作是在电脑端专业非线性剪辑软件中进行的，我建议大家务必在剪辑工作正式开始之前完成素材的归纳、整理、挑选和命名等工作，切勿盲目地在素材混乱、没有条理的情况下开始剪辑。专业的素材管理方法可以参见本书15.1节项目管理部分。

2.4

以剪映为例学习使用手机端剪辑软件完成视频的剪辑

下面我们便正式进入到对剪辑软件的学习环节。

剪映作为手机端剪辑软件中颇具代表性的一款软件，为创作者提供了丰富实用的剪辑功能与简单易学的操作方式。剪映的基本操作思路和方法同电脑端专业非线性剪辑软件非常相似，无论是熟练掌握专业非线性剪辑软件的剪辑工作者还是非专业的剪辑"小白"，剪映的剪辑操作都非常容易上手。接下来将以剪映（2021版）为例，向大家介绍使用手机端剪辑软件剪辑视频的基本操作方法。

◆ 认识剪映的基本界面

打开剪映后我们会看到剪映主界面（图2-3）中【一键成片】【拍摄】【图文成片】等功能，可以帮助我们快速、简易地完成视频制作。在【剪辑】界面的【管理】区，我们可以对历史剪辑项目、模板和图文进行管理。不少视频创作者会选择点击【开始创作】进行具体的视频剪辑工作。当然，我们也可以点击【剪同款】，利用软件自带的模板制作视频，还可以点击【创作学院】，观看剪映创意视频制作教程等。

开始创作

点击【开始创作】，便能够导入素材，我们可导入手机相册中的视频、图片等素材，也可导入剪映素材库中提供的素材。导入素材后即可开始正式的剪辑工作。

导入手机中的素材界面　剪映素材库界面

一键成片与剪同款功能

【一键成片】功能能够将导入的视频与模板迅速匹配，生成一个视频。而【剪同款】功能则是先选择模板后导入素材，由系统自动成片。这两个功能操作简单，成片迅速，非常适用于制作在抖音平台上发布的需要即刻传播用内容较为单一的视频。

图文成片功能

【图文成片】功能可将所复制的今日头条链接中的文字或手动输入的文字转换成包含图文的视频，比较适用于快速制作通过视频传播的新闻内容。

拍摄功能

剪映自带的拍摄功能，可直接添加风格、滤镜、美颜效果进行拍摄，也可利用"跟拍模板"功能进行模仿拍摄。

一键成片界面　　剪同款界面

图2-3 剪映主界面

◆ 新建项目及素材导入

　　点击剪映主面中的【开始创作】，我们即可新建一个剪辑项目，直接进入素材导入界面。素材的导入主要分为两种：一种是直接从手机相册中导入，我们可以按照个人对手机相册的分类进行素材的选择，也可按照素材的类型（视频、照片等）找到所需的素材；另一种是从素材库中导入，剪映的素材库中有许多有趣的素材任由我们挑选。

　　我们只需选中相应的素材，点击【添加】，就能轻松完成素材的导入工作。任意导入一个素材，我们便可进入剪映的剪辑操作界面进行正式的剪辑工作。当然，如果我们后续还需添加其他素材，可以随时点击剪辑操作界面中时间轴上的【+】进行添加。

◆ 了解剪映的剪辑操作界面

　　下面将为大家具体介绍剪映的剪辑操作界面中的主要功能与使用方法。首先我们来认识一下剪映的剪辑操作界面（图2-4）。

预览界面

预览界面是供我们实时查看视频的界面，我们可以在此播放视频、查看视频时间进度、进行撤销/返回操作，并能够在右上角设置视频的分辨率和帧率及导出视频。

在剪辑视频前，先在这里设置视频的分辨率和帧率。最常用的是1080p的分辨率和25帧/秒的帧率。

点击此处导出视频。

在此可设置视频的封面。我们既可以在视频中选择一帧画面作为封面，也可从手机相册中导入一张照片作为封面，还可以在封面上添加文字。

小贴士：一个精美、醒目且标题明确有趣味的视频封面可以帮助我们吸引更多观众；建议大家可以借助Photoshop、美图秀等图片制作工具制作更精致的图片用作视频封面

点击时间轴上的【+】可以导入新的素材，且没有次数等的限制。

时间轴

时间轴上主要有两个轨道：视频轨道与音频轨道。我们可以分别在两个轨道上添加素材并进行剪辑操作。我们主要在时间轴上完成基础的剪辑工作：分割、删除和排序。也可选中相应素材，结合工具栏中的各种功能制作更丰富的视频效果。

工具栏

工具栏中有各种各样的功能供我们使用，选择相应的轨道和素材便可对其添加相应的效果

图2-4 剪映的剪辑操作界面

剪映的剪辑操作界面主要分成3个区域：预览界面、时间轴与工具栏。我们主要在预览界面中实时查看视频画面，在时间轴中通过滑动手指来移动时间轴并选中具体的轨道和素材，在工具栏中通过调用不同的功能以实现相应的效果。这3个区域相互配合，共同辅助我们完成剪辑工作。

◆ 画面比例及背景设置

在开始剪辑前，选择和设置一个正确的画面比例是制作Vlog的基础，后续导入的素材也都采用这一比例。事实上，画面比例的选择是拍摄素材前就需要考虑清楚的问题，这样我们才能保证后续剪辑和导出的画面比例是一致的。试想一个Vlog一会儿是横幅，一会儿又变成竖幅，素材的比例不一，一定会大大影响观众的观赏体验。那么，短视频的画面比例是否有一个统一的标准呢？

当下网络视频传播中常用的画面比例是16∶9（横幅），但是因为越来越多的短视频平台支持且推行竖屏播放短视频，9∶16（竖幅）的画面比例也颇为常见。因此，我们应依照目标平台的规定和形式来选择和设置合适的画面比例。剪映中设定了几种常用的画面比例，分别适用于不同的平台与播放情境，我们按照需要选择合适的画面比例即可。

画面比例设置（图2-5）

❶ 在不选中素材的状态下在工具栏找到并点击【比例】。

❷ 选择一个合适的画面比例。

导入素材后，预览界面显示的是素材的原始比例，我们可以将与目标比例不一致的素材调整为目标比例。

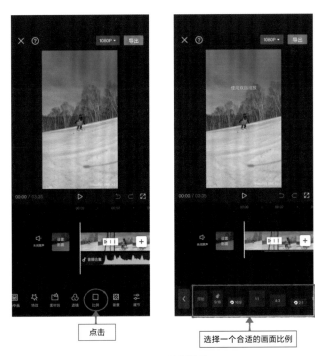

图2-5 画面比例设置

单个素材画面比例调整

❶ 选中单个素材。

❷ 在工具栏中点击【剪辑】→【编辑】→【裁剪】。

❸ 选择比例，完成调整。

◆ **编辑素材**

　　【编辑】工具栏中包含【镜像】【旋转】【剪裁】三大工具，除了上面提到的，利用【剪裁】工具将素材剪裁并调整至所需的画面比例之外，我们还可以在【编辑】工具栏中调整画面的方向、角度和尺寸等（图2-6）。需要注意的是，使用【剪裁】工具强行调整画面的比例与尺寸可能会对画面造成不良影响，因此建议大家在拍摄素材时就注意保持素材画面比例的统一。

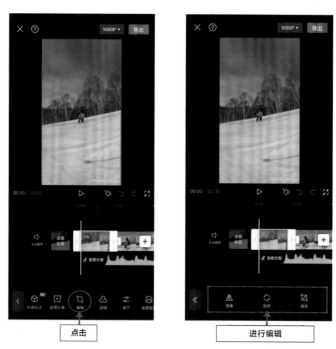

图2-6 【编辑】工具栏

（1）选中时间轴上的素材

　　时间轴上有两个轨道：**视频轨道**和**音频轨道**。我们可以分别在这两个轨道上进行编辑。通过在时间轴上滑动手指，我们可以精确定位时间轴的不同位置。当我们用两根手指在时间轴上做张开和捏合动作时，时间轴也会被拉长和缩短。时间轴被拉长，我们能够精确定位；时间轴被缩短，我们能够快速地浏览和选中时间轴上的素材。视频是由一帧帧画面组成的，所以时间轴也是以帧为单位的。如果想要精确到帧进行剪辑，将时间轴拉长到能够看到一帧帧画面即可，此时时间线移动一格，即为一帧。

（2）分割

我们确认了剪辑点后，便可利用【分割】工具对素材进行分割。

分割素材（图2-7）

❶ 选中素材后，移动时间轴上的时间线，将时间线移动需要分割的位置。

❷ 在工具栏中点击【分割】，视频便会被分为两段。

若想删除一段视频中的某个部分，可根据需要添加多条分割线。

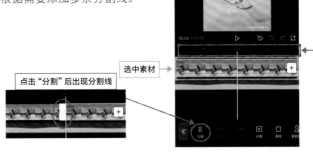

图2-7 分割素材

（3）删除

接下来我们来删除不需要的素材片段。

删除素材片段（图2-8）

❶ 选中希望删除的素材片段。

❷ 在工具栏点击【删除】。

如果想要去掉一段素材的开头或结尾部分，也可直接拖移素材两头的白色方框，素材的开头或结尾的指定部分即可被隐藏。

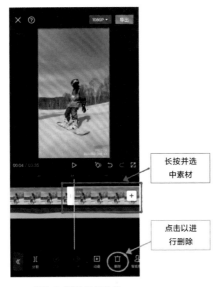

图2-8 删除素材片段

(4) 排序

剪辑工作的关键就是形成剪辑的逻辑,这往往需要合理地安排素材的顺序。在完成素材的剪切后,我们可以根据需要任意移动和调整每个素材片段在时间轴中的位置。

调整素材顺序(图2-9)

❶ 长按素材,素材即会变成一个个小方块。

❷ 按住素材并将其移动到目标位置,再将素材松开即可。

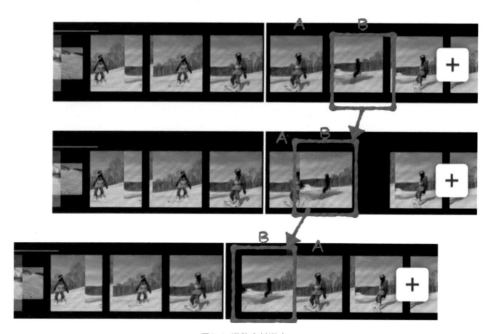

图2-9 调整素材顺序

掌握以上方法,完成4个基本步骤,恭喜你,你已经能够使用剪映完成简单的视频制作了!

◆ 音频的添加与处理

剪映中也不乏针对音频进行剪辑的功能,且具体的功能设置可以说是为Vlog量身定制的,能够帮助视频创作者非常便捷地完成添加音乐、音效以及配音等工作。

首先,我们可以选择是否保留素材中的声音,点击时间轴最左侧的【关闭原声】,我们可以将素材中的声音消除,再利用【音频】工具栏中的工具为素材添加音乐或音效等。

(1)音乐

音乐能够很好地为Vlog增添氛围感,在剪映的【添加音乐】界面中,我们可以按照分类和检索的方式找到不同类型的音乐并添加到音频轨道上。此外,我们可以通过剪映添加在抖音中收藏的音乐。当然,我们也可以通过在【添加音乐】界面点击【导入音乐】来使用来自其他平台的音乐或添加自己喜欢的本地音乐。我们还可以对添加的音频素材进行进一步处理,如调节音量、淡化处理、添加踩点、变速等,以实现音乐与画面更好地融合。

添加音乐(图2-10)

❶ 移动时间线至想要添加音乐的位置。

❷ 点击【音频】→【音乐】。

❸ 根据分类或检索进行试听,选择心仪的音乐,点击【使用】。

❹ 可根据需要长按音乐素材,拖动调整其位置。

❺ 选中音乐素材,利用工具栏中的工具对音乐素材进行进一步调整。

图2-10 添加音乐

通过链接导入音乐(图2-11)

❶ 在其他音乐平台复制音乐链接。

❷ 点击【音频】→【音乐】→【导入音乐】。

❸ 粘贴音乐链接→点击下载图标。

图2-11 通过链接导入音乐

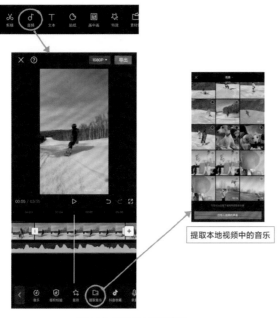

从视频中提取音乐（图2-12）

❶ 将含有所需音乐的视频添加到手机相册中。

❷ 点击【音频】→【提取音乐】。

❸ 选中视频，点击【仅导入视频的声音】。

提取本地视频中的音乐

图2-12 从视频中提取音乐

（2）音效

我们常常能在热门Vlog和短视频中听到各式各样有趣的音效，如综艺中常见的笑声、拍手声，带着地方口音的诙谐话语声，超级玛丽游戏音效等。音效的添加为我们的视频增添了趣味性和幽默性，也更能拉近我们与观众之间的距离。剪映提供了丰富的音效资源，我们可以在音效库里按照分类搜寻与画面相匹配的音效。

进入音频库添加音效

添加音效（图2-13）

❶ 在视频轨道中移动时间线至想要添加音效的位置。

❷ 点击【音频】→【音效】。

❸ 根据分类试听，选择心仪的音效并点击【使用】。

❹ 可根据需要长按音效素材，拖动调整其位置。

❺ 选中音效素材，利用工具栏中的工具对音效素材进行进一步调整。

图2-13 添加音频

（3）踩点

踩点视频是短视频平台中非常火爆的视频形式，我们在抖音上看到的很多颇具动感和冲击力的踩点视频，其实就是利用剪映中的【踩点】工具（图2-14）搞定的。【踩点】分为【自动踩点】和【手动踩点】两种模式，【自动踩点】仅适用于剪映音乐库里的音乐和抖音收藏中的音乐，其他来源的音频可使用【手动踩点】进行操作。

自动踩点

❶ 选中音频素材，点击【踩点】。

❷ 打开【自动踩点】，选择一种踩节拍模式，节奏点会自动出现在音频轨道上。

手动踩点

❶ 选中音频素材，点击【踩点】。

❷ 根据音乐节奏点击【添加点】，添加节奏点，也可点击【删除点】，自由删除节奏点。

制作踩点视频

❶ 两根手指在时间轴上张开以适当拉长音频轨道，直到能够清楚地看到节奏点的位置。

❷ 添加视频或图片素材，根据节奏点间的距离调整每一段素材的时长。

制作踩点视频时，最好优先使用节奏感强，鼓点较为明显的音乐，我们也可以配合使用剪映中的特效，如一系列的"抖动效果"，让踩点视频看起来更有动感。

图2-14 制作踩点视频

图2-15 音频降噪

（4）降噪

我们用相机或手机在室外环境下录制Vlog时难免会收录一些杂音，降噪功能在此时便能发挥作用。

音频降噪（图2-15）

❶ 选中素材，点击【降噪】。

❷ 打开降噪开关。

图2-16 变声处理

（5）变声

我们经常能在短视频平台中看到经过变声处理的短视频，【变声】工具的使用在为视频增添趣味性的同时，也能一定程度上化解创作者使用自身的真实声音时的尴尬与沉闷感。在【变声】工具栏中，我们能够找到"萝莉""大叔"等在短视频平台颇受欢迎的变声效果。

变声处理（图2-16）

❶ 选中需要进行变声处理的素材，点击【变声】。

❷ 选择一种变声效果。

（6）文本转语音

其实，我们也不一定非要自己配对白或解说，【文本转语音】工具让我们能够为对应画面添加文本，然后用AI技术让虚拟人物将文本内容阅读出来。【文本转语音】工具还可以将文字自动转化成不同人声的语音，方便我们进行视频的自动配音工作。

文本转语音（图2-17）

❶ 导入素材。

❷ 在不选中任何素材的状态下，点击【文本】→【新建文本】，键入文本。

❸ 选中文本轨道，点击【文本朗读】。

❹ 选择一种音色并查看效果。

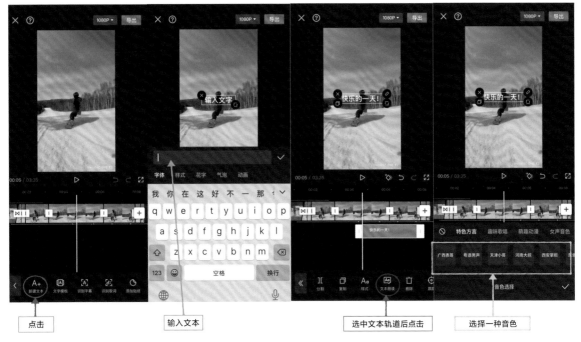

图2-17 文本转语音

◆ 添加字幕和花字

在剪映的【文本】工具栏中，我们可以利用【新建文本】【文字模板】【识别字幕】【识别歌词】【添加贴纸】等工具为视频添加字幕、花字和贴纸等丰富的文本元素。虽然字幕不是Vlog中必需的，但不可否认的是，字幕和一些花字能够更加鲜明地传递信息，帮助观众理解视频创作者的意图，增强视频的客观性，从而更能体现视频制作精良与视频创作者的用心。

添加字幕（图2-18）

❶ 点击【文本】→【新建文本】。

❷ 键入文本。

❸ 调整文本的字体、样式等。

❹ 调整字幕在画面中的位置和大小。

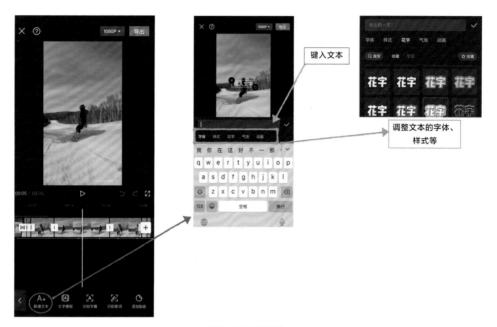

图2-18 添加字幕

添加字幕是一件麻烦事，剪映的【识别字幕】工具无疑让添加字幕的工作变得轻松了不少。

识别字幕（图2-19）

❶ 导入有人声的视频。

❷ 点击【文本】→【识别字幕】。

❸ 点击【开始识别】，剪映将自动识别视频中的人声并生成字幕。

❹ 预览视频，检查字幕是否存在错误，如有错误则双击字幕轨道进行修改。

❺ 对应视频原声调整字幕的时长。

图2-19 识别字幕

众所周知，花字是综艺节目中必备的元素，在短视频和Vlog中，我们可以通过添加花字来增添综艺感。生动美观的花字还能够起到强调信息、丰富视觉效果的作用。不少创作者也偏爱在视频的封面中添加花字，以吸引观众点击观看视频。

添加花字（图2-20）

❶ 点击【文本】→【文字模板】，选择一个模板。

❷ 修改文字内容。

❸ 调整花字在画面中的位置。

❹ 双指捏合或张开以调整花字的大小。

❺ 调整花字在画面中显示的时长。

选择一个模板

图2-20 添加花字

添加贴纸（图2-21）

❶ 点击【文本】→【添加贴纸】，选择一个心仪的贴纸。

❷ 调整贴纸在画面中的位置。

❸ 双指捏合或张开以调整贴纸的大小。

❹ 调整贴纸在画面中显示的时长。

选择一个贴纸

图2-21 添加贴纸

◆ 添加动画、特效与转场效果

丰富且便捷的动画与特效是手机端剪辑软件为大众所追捧的重要原因之一，毕竟添加动画与特效能够快速增强视频的时尚感与趣味性。剪映为用户提供了类型丰富的动画（包括入场动画、出场动画和组合动画）及特效，我们可以根据视频的内容选择与之匹配的动画与特效。

添加动画（图2-22）

❶ 移动时间线至想要添加特效的位置。

❷ 点击【动画】，选择动画类型。

❸ 选择一种动画效果，并调节速度。

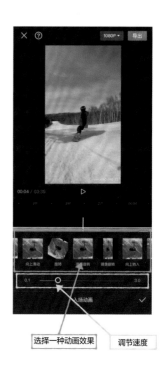

点击　　　　　　　　选择动画类型　　　　　选择一种动画效果　　调节速度

图2-22 添加动画

添加特效（图2-23）

❶ 移动时间线至想要添加特效的位置。

❷ 点击【特效】，选择特效类型。

❸ 选择一种特效，点击【调节参数】，调整相关参数。

当然，我们可以叠加使用动画和特效制作视觉效果丰富的视频，也可以在【素材包】工具栏中选择一些预设的动画与特效组合效果。不得不说，在动画与特效的添加方面，如剪映这样的手机端剪辑软件具备强大的优势，有趣的动画和特效也能让我们的Vlog被更多人观看。

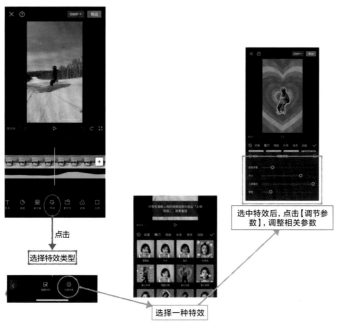

点击

选择特效类型

选中特效后，点击【调节参数】，调整相关参数

选择一种特效

图2-23 添加特效

不少初学者对在短视频平台上看到的具有炫酷转场效果的视频羡慕不已，其实转场效果的添加非常简单。剪映提供了大量不同类型的转场效果，且分类清晰，使用较为方便。

添加转场效果（图2-24）

❶ 点击两段素材中间的白色方块。

❷ 选择一种心仪的转场效果。

❸ 调整转场速度。

❹ 如果需要，可点击【全局应用】，将该转场效果应用在所有需要转场的地方，直接点击【确认】则仅在当前两段素材之间添加转场效果。

点击

选择一种转场效果

调整转场速度

仅在当前两段素材之间添加转场效果

可将转场效果应用到所有需要转场的地方

图2-24 添加转场效果

◆ 滤镜、调色与美颜美体

一个完成度较高的Vlog往往需要经过一定的调色处理。在大多数手机端剪辑软件中，我们都能够通过基础的调节功能便利地调节视频的亮度、色彩、色温等。当然，手机端剪辑软件中自带的滤镜库也能够帮助剪辑"小白"进行Vlog的色彩处理，在一定程度上提升Vlog的整体质感。

添加滤镜（图2-25）

❶ 选中素材，点击【滤镜】。

❷ 选择一个心仪的滤镜，拖动滑块调整滤镜等级（建议适当降低滤镜等级，滤镜等级过高可能会减弱Vlog的质感）。

❸ 点击【全局应用】可将滤镜应用于整个视频，直接点击【确定】则仅在当前选中的素材中添加滤镜。

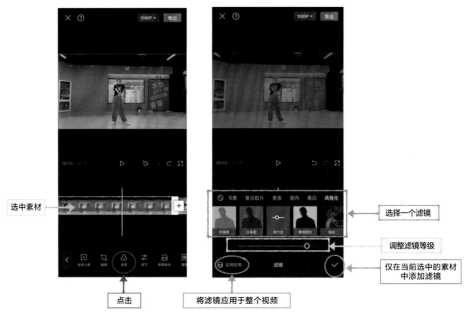

图2-25 添加滤镜

视频调色

❶ 选中素材，点击【调节】。

❷ 调节各个参数指标。

注意滤镜功能是针对被选中的素材的，但也可以点击【全局应用】，一键为整个视频添加滤镜。调色和具体的滤镜选择在一定程度上能够体现创作者的个人风格，也与视频的内容息息相关。因而我建议大家在进行调色处理和添加滤镜时，根据自身的风格和素材的特点进行，不要盲目地效仿他人的调色风格或一味地追求浓重的滤镜效果。

Vlog创作者往往具有美颜的需求，剪映中的【美颜美体】工具可以便捷地消除Vlog中人物身上的瑕疵，让其以更好的形象出现在Vlog中。

美颜（图2-26）

❶ 选中素材，点击【美颜美体】。

❷ 点击【智能美颜】，调节【磨皮】【瘦脸】等参数。

❸ 点击【全局应用】可将美颜效果应用到整个视频，点击【确认】则仅在当前选中的素材中添加美颜效果。

选择美颜类型并调节参数

点击

可将美颜效果应用到整个视频

仅在当前选中的素材中添加美颜效果

图2-26 美颜

美体（图2-27）

❶ 选中素材，点击【美颜美体】。

❷ 点击【智能美体】或【手动美体】，调节【瘦身】【长腿】等参数。

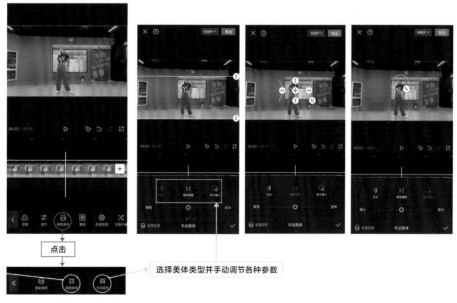

点击

选择美体类型并手动调节各种参数

图2-27 美体

◆ 速度的调整

　　调整视频和音频素材的速度是视频剪辑中常进行的操作，我们可以根据视频所需营造的意境及音乐的节奏对视频进行速度调整。【变速】工具分为【常规变速】和【曲线变速】两种。【常规变速】即按倍数调整素材的播放速度，如视频中存在声音，也可选择是否将声音变调。而【曲线变速】则提供了更多富有变化和戏剧性的变速模式，我们可根据视频片段的特点和音乐的节奏进行灵活选择，并可以进入编辑模式进行更精细的调整，如对一段视频进行不均匀的变速，使其节奏富有变化。

　　常规变速（图2-28）

　❶ 选中素材，点击【变速】。

　❷ 选择【常规变速】。

　❸ 滑动滑块调节变速倍数，如果希望对声音变调，可以选择【声音变调】。

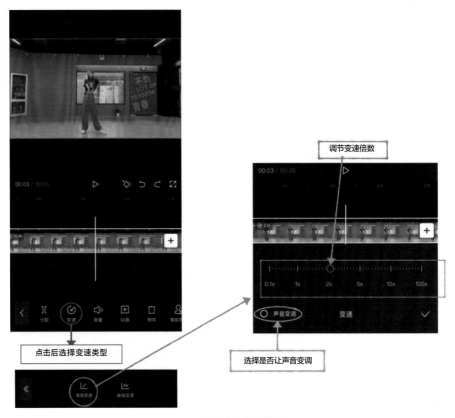

图2-28　常规变速

曲线变速（图2-29）

❶ 选中素材，点击【变速】。

❷ 选择【曲线变速】，选择一种曲线变速模式并点击。

❸ 在编辑界面中，手动移动曲线上的圆点，调整速度、起伏与变化的趋势。可切换【删除点】和【添加点】来增减变速点。

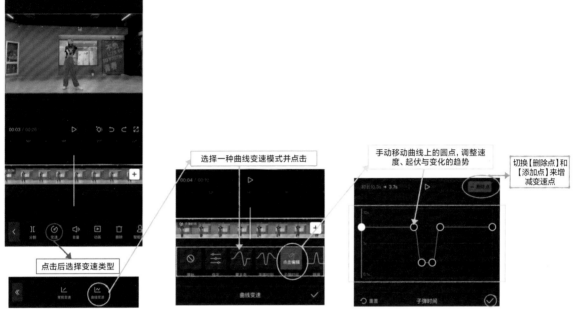

图2-29 曲线变速

倒放是在一些电影、MV、Vlog中常见的效果，能让"时间倒流"。【倒放】工具常配合【变速】工具使用，可带领观众回顾事件，将观众的记忆带回某个重要的时间点。具体操作：直接选中素材，点击【倒放】即可（图2-30）。

图2-30 倒放

【定格】工具可以让视频在某一帧静止而产生画面停滞的效果。定格效果添加后，当前及之后的视频片段都将静止于当前帧。

定格（图2-31）

❶ 选中素材，将时间线移至需要定格的一帧。

❷ 点击【定格】。

❸ 调节定格素材长度以确定定格的时长。

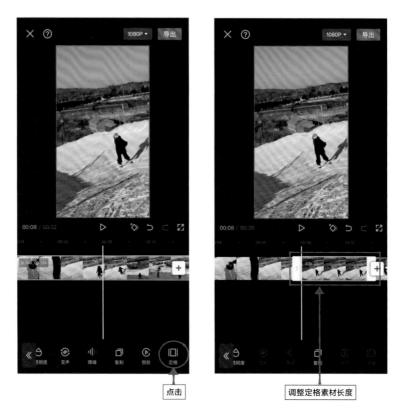

图2-31 定格

◆ 添加蒙版与画中画

通俗地讲，【蒙版】工具就是在视频中添加某个形状，让你所选择的视频片段只在这个形状范围内显示，或是通过翻转蒙版，让你选择的视频片段只在这个形状范围以外的部分显示。尽管剪映中的【蒙版】工具不像专业非线性剪辑软件中的那样能通过钢笔工具绘制出精确的形状，但是能在手机端剪辑软件中给视频添加简单的蒙版效果已十分难得。

添加蒙版（图2-32）

❶ 选中素材，点击【蒙版】。

❷ 选择一个蒙版类型。

❸ 调整蒙版的位置, 双指捏合或张开以调整蒙版的大小, 上下移动箭头的调整羽化值。

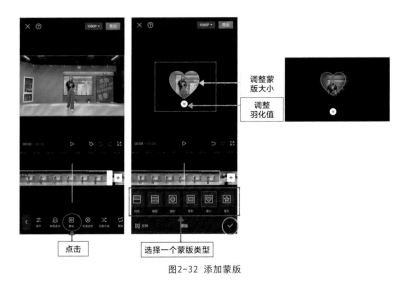

图2-32 添加蒙版

使用【画中画】工具可以实现多个画面同时播放的效果, 我们可以通过对不同素材位置的合理排布形成分屏等有趣的效果。

添加画中画（图2-33）

❶ 导入一个视频或图片素材作为背景。

❷ 点击【画中画】→【新增画中画】。

❸ 在本地相册中选择一个视频或图片素材, 点击【添加】。

❹ 调整画中画素材的位置, 双指捏合或张开以调整大小。

❺ 调节画中画素材显示的时长。

图2-33 添加画中画

创作者也可以结合使用【蒙版】工具与【画中画】工具，便能够得到带有形状的更为有趣的画中画效果。

借助蒙版添加画中画（图2-34）

❶ 导入一个视频或图片素材作为背景。

❷ 在工具栏中点击【画中画】，选择【新增画中画】。

❸ 在本地相册中选择一个视频或图片素材，点击【添加】。

❹ 选中画中画素材，点击【蒙版】，选择一个蒙版类型。

❺ 调整画中画素材的位置。

❻ 拖动画中画素材上方和右侧出现的两个双向箭头调整画中画素材的形状，双指捏合或张开以调整大小。

❼ 拖动下方双箭头调整画中画素材边缘的羽化值。

❽ 对应画面调节画中画素材显示的时长。

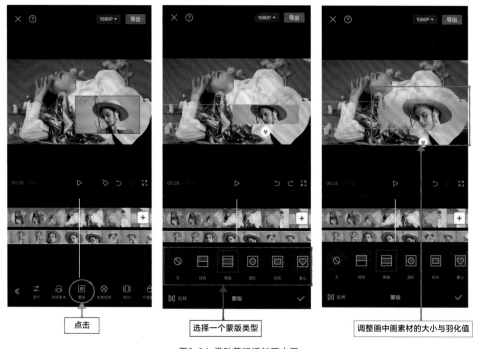

图2-34 借助蒙版添加画中画

◆ 不透明度与混合模式

在添加画中画的基础上，我们可以改变素材的不透明度来实现上下两层素材的自然叠加，也可利用剪映的【混合模式】工具为素材添加叠加、滤色、正片叠底等不同的混合效果。添加混合效果的基本原理其实就是调节上下两层素材的不透明度来实现不同的融合效果。适当调节素材的不透明度和添加混合效果可以进一步增强视频的质感，给观众带来更丰富的观赏感受。

调节不透明度（图2-35）

❶ 选中画中画素材，点击【不透明度】。

❷ 左右滑动滑块调节不透明度。

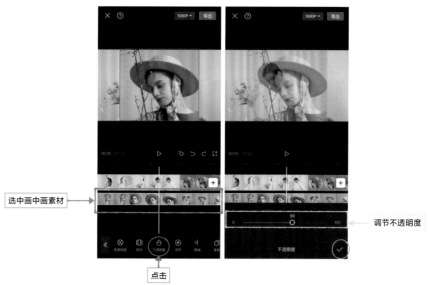

图2-35 调节不透明度

更改混合模式（图2-36）

❶ 选中画中画素材，点击【混合模式】，选择一种混合模式。

❷ 左右滑动滑块调节不透明度，完成后点击【确认】。

图2-36 更改混合模式

◆ 利用关键帧呈现变化效果

我们在具体了解如何用手机端剪辑软件实现变化效果前，需要先理解关键帧的概念。关键帧是动画中常用的术语，通常指用来记录角色或物体运动过程中的关键动作的那一帧。通俗地讲就是，我们用一个关键帧记录下某个素材或效果在某一刻的状态（可能是形状、大小、位置、不透明度等），再用另一个关键帧记录下其在变化之后的状态，就在这两个关键帧之间呈现了变化效果。添加关键帧的功能使剪映真正区别于市面上其他手机端剪辑软件，成为能够制作更加丰富动画效果的专业手机端剪辑软件。

【关键帧】工具可以与前文提到的很多工具搭配使用，比如我们可以用两个以上的关键帧记录蒙版从小到大的变化，从而呈现蒙版的扩展效果，也可利用关键帧呈现文字或贴图在画面中的旋转效果等。

添加关键帧（图2-37）

❶ 选中素材。

❷ 点击【蒙版】，添加一个蒙版，调整蒙版的初始大小，点击【确定】。

❸ 将时间线移至变化起始的一帧，点击添加关键帧图标添加一个关键帧。视频轨道上出现红色菱形即表示关键帧添加成功。

❹ 将时间线移动到变化结束的一帧，调整蒙版的大小、位置、羽化程度等，点击【确定】（此时软件会自动添加新的关键帧，无须手动添加）。

❺ 查看变化效果，若不满意可以点击删除关键帧图标，重新进行调整。

在时间轴上，两个关键帧之间的距离越近，前后两个状态之间的变化过程就越快；距离越远，前后两个状态之间的变化过程就越慢。

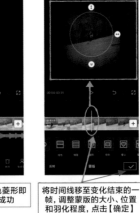

添加一个蒙版，添加蒙版的初始大小，点击【确定】

将时间线移至变化起始的一帧，添加关键帧

视频轨道上出现红色菱形即表示关键帧添加成功

将时间线移至变化结束的一帧，调整蒙版的大小、位置和羽化程度，点击【确定】

关键帧自动生成，查看变化效果，若不满意可点击删除关键帧图标、重新进行调整

图2-37 添加关键帧

◆ 简易的"键控"

接下来为大家介绍剪映的一个"神奇"功能，其实很多平面修图软件中都有这个功能，那就是抠像功能。在剪映中我们能体验动态版的抠像功能，即把人物或物体从普通场景中分离出来，为其更换不同的背景，或合成到剧情需要的场景中。这一功能其实就是简易版的"键控"功能，也就是我们俗称的绿幕或蓝幕抠像。其原理是通过拾取与抠除绿色背景，从而使主体单独呈现出来，并可任意更改主体的背景。剪映中的抠像功能自然无法与专业非线性剪辑软件的"键控"功能相提并论，也无法达到影视级的抠像效果。毕竟，真正的绿幕抠像技术既需要前期拍摄时在场地、灯光、拍摄等技术层面进行精准把控，也需要后期的精细处理。但是，剪映中的抠像功能已完全可以帮助我们创作出很多妙趣横生的画面。比如对于电影电视剧中经常能看到的腾云驾雾、爆炸等场面，我们都能够通过使用剪映素材库中多样的视频素材和绿幕素材轻松打造。

剪映中的抠像功能分为【色度抠图】和【智能抠像】两种。使用【色度抠图】功能时，最好使用绿幕背景拍摄的素材，尽可能避免背景和人物的颜色一致。我们在拍摄Vlog时，可以尝试在绿幕前进行拍摄，后期就可以利用【色度抠图】功能制作动态背景，给观众带来耳目一新的感受。当然，如果懒得拍摄精致的绿幕素材，我们也可以尝试使用【智能抠像】功能，此功能可以较为智能地一键抠出主体，虽然不及配合绿幕素材使用【色度抠图】功能的抠图效果精准，但是能便捷地制作简单的抠图效果，也是不错的选择。使用【智能抠像】功能时应尽量保证拍摄主体的轮廓清晰完整，与背景最好有一定的反差，且背景不要过于复杂。对图片素材应用这一功能的效果更佳，我们可以根据具体情况选择使用。

色度抠图：

❶ 选择一个视频或图片素材作为背景。

❷ 点击【画中画】→【新增画中画】，导入一个在绿幕前拍摄的素材或导入一个剪映素材库中的绿幕素材（图2-38）。

❸ 选中画中画素材，点击【色度抠图】，用取色器吸取要去除的颜色，调节【强度】和【阴影】参数，使画面效果更加自然，调整被抠出主体的位置和大小（图2-39）。

选择一个视频或图
片素材作为背景

选择一个绿幕素材

图2-38 导入绿幕素材

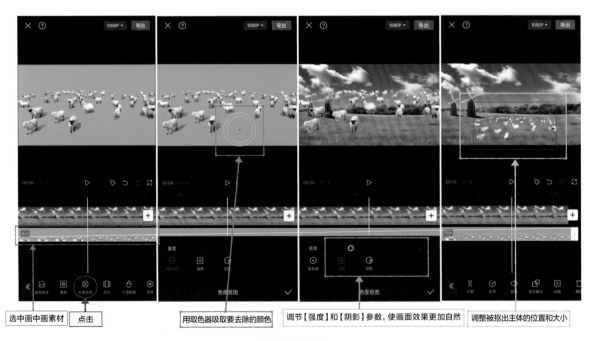

选中画中画素材　点击

用取色器吸取要去除的颜色

调节【强度】和【阴影】参数, 使画面效果更加自然

调整被抠出主体的位置和大小

图2-39 色度抠图

智能抠像（图2-40）

❶ 选择并导入一个视频或图片素材作为背景。

❷ 点击【画中画】→【新增画中画】，导入带有主体的素材。

❸ 选择画中画素材，点击【智能抠像】。

❹ 调整被抠出主体的位置和大小。

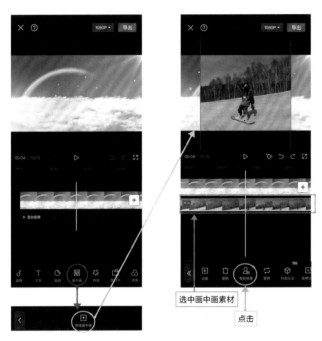

图2-40　智能抠像

在导入素材时，我们可以在剪映素材库中搜索关键词"绿幕"，即可看到剪映提供的丰富的绿幕素材，在剪辑时适当添加使用这些绿幕素材可以增强视频的趣味性。

◆ 视频防抖

Vlog中存在大量由创作者手持拍摄的第一人称视角镜头（POV镜头）和自拍镜头，这类镜头需要依靠手机稳定器和部分相机自带的防抖功能拍摄，以为观众提供较为舒适的观看体验。但即使有手机稳定器和防抖功能的加持，手持拍摄的画面也多少会存在抖动不稳的问题，剪映中的【视频防抖】功能可以在一定程度上改善这个情况。

视频防抖：

❶ 选中视频轨道，点击【视频防抖】。

❷ 调节防抖强度。

◆ 设置封面与导出视频

视频的封面就是视频的门面，一个好的视频封面能够让观众清晰地识别视频的主题，也能够从视觉上吸引更多观众的关注。因而，为我们辛苦制作的视频添加一个合适的封面至关重要！

设置封面（图2-41）

❶ 点击【设置封面】，左右滑动选择视频中的一帧作为封面。

❷ 点击【添加文字】，输入文字并对其进行设置。

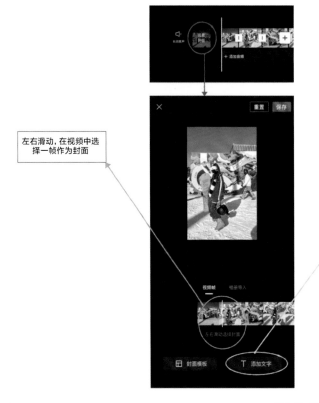

左右滑动，在视频中选择一帧作为封面

输入文字并对其进行设置

图2-41 设置封面

上面提到的是设置封面的基本方法，采用这种方法添加的封面可能过于单调，缺乏重点。我们可以先在其他修图软件上（如PS、美图秀秀等）制作一张满意的封面图，再将其单独导入作为视频封面。这样，我们就能够通过一个效果更佳的封面来吸引观众点击并观看视频。

导入自制封面（图2-42）

❶ 点击【设置封面】，点击【相册导入】，在本地相册中选择自己制作好的图片。

❷ 调整图片尺寸后点击【确认】。

❸ 点击【保存】。

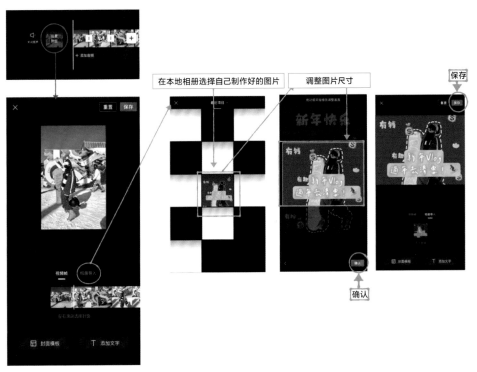

图2-42 导入自制封面

当然，我们也可以利用剪映自带的封面模板来制作封面，这些封面模板中含有当下"爆款"短视频封面中的常见元素，且排版精美。直接在这些封面模板的基础上进行修改制作，是方便可行的选择。

使用封面模板（图2-43）

❶ 点击【设置封面】→【封面模板】，按照分类选择一个心仪的模板。

❷ 在预览界面上轻触模板上的文字以进行修改。

❸ 修改完成后点击文字右上角的铅笔图标，调整文字的样式等。

❹ 调整文字的位置。

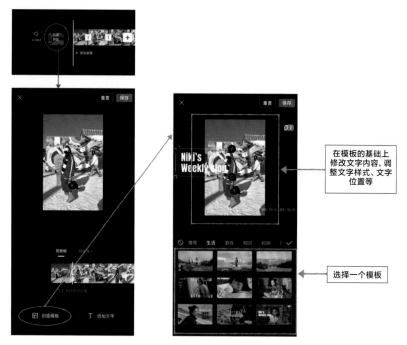

图2-43 使用封面模板

在剪映中导出视频的方法非常简单。在视频剪辑完成后，点击右上角左侧的按钮，对导出视频的分辨率、帧率等参数进行设置，再点击右上角的【导出】按钮，软件会自动开始渲染（图2-44），渲染完成后，视频会被自动保存到相册。由于剪映是将视频储存在手机相册中的，大家应记得及时将视频传输到电脑中进行备份。同时，建议大家分别在手机和电脑上浏览视频，检查在不同设备上视频是否都很清晰且能流畅播放。

图2-44 导出视频

灵活地使用以上功能，能够提升我们的视频剪辑质量，从创意和效果上为我们的Vlog锦上添花。当然，我们需要根据素材和自身的风格和定位进行合理使用，一味地添加花哨的效果并不一定能够提升视频的品质，甚至可能起到相反的作用。比如色彩斑斓的花字并不一定适合所有视频，而一些特效的过度叠加也可能会让简约风格的Vlog失去其原本的质感。因此，对于创作者来说，准确定位自身风格并以此为依据进行剪辑功能的选择与使用是十分必要的。

除了上文提到的基础剪辑功能外，我们还能在剪映的工具栏中看到一些其他功能。相信剪映和其他手机端剪辑软件也将不断添加新功能并改进现有的功能，以更好地助力视频创作者创作出更有创意和不同风格的视频作品。

大家在阅读本书时，也许剪映的一些功能和操作方法已经发生了变化。但请不要担心，就像我之前说的，只要掌握了剪辑的核心思路和基本操作方法，大家便能以不变应万变，而不断尝试新的操作方法，也有利于提高自身的剪辑能力。

2.5

发布视频

首先恭喜大家学会了手机端剪辑软件的操作方法，也掌握了剪辑的核心思路。无论你使用的是专业非线性剪辑软件还是手机端剪辑软件，视频导出后仍有一个重要的工作，那就是将视频反复播放检查几遍，确认无误后发布到视频平台。

有时我们将视频上传到视频平台后可能会发现视频的画质变差了，这是因为视频平台会对视频进行二次压缩。每个视频平台都会设置视频画质的最高标准，因此我们制作的视频的分辨率、帧率和目标比特率并不是设置得越高越好，如果超过了视频平台的标准而被视频平台二次压缩，就可能出现4k视频不如高清视频清晰的情况。想使发布到视频平台的视频拥有最佳画质，我们需要保证视频尽量接近，但不超过目标视频平台关于视频画质的最高标准。

各大视频平台通常都会在用户上传视频时对各项参数提供一个较为详尽的标准，请大家注意研究参考，并根据目标视频平台的标准合理地规划视频的制作。我们如果希望在几个不同的视频平台发布视频，就需要更加留心研究各个视频平台的标准。为了配合不同视频平台的标准，我们可能需要将同一个视频制作成不同的版本，以便在不同视频平台上都能达到理想的播放效果。

在视频平台上上传和发布视频的方法大同小异，一般视频平台都会给予清晰明了的提示，我们只需要按照视频平台的要求一步步操作。

对于一些视频平台，如Bilibili、小红书、抖音等，我们在上传视频时可以为视频添加标签。这些标签能够帮助我们更好地定位自己制作的视频，并能吸引更多对相关话题感兴趣的人观看我们的视频。因此，我们可以好好斟酌标签的添加。

视频上传之后，视频平台一般会有一个审核期，以判断视频中是否存在不合法、不合规或敏感的内容。因此，我们在创作视频时，也需要关注和避免视频中包含违规的内容，要是辛苦制作的视频无法通过审核，那就等于白忙一场了。

视频审核通过后，视频平台便会将我们的视频呈现在用户面前，我们的视频创作就算是真正大功告成了！我真心希望大家精心制作的视频都能够收获观众的喜爱和关注。

03

策划短视频节目

3.1

短视频节目的内容分类

学习完前两章的内容之后，我们已经成功制作并发布了一个Vlog，恭喜！由此，我们对视频制作就有了基本的认识。那么就让我们更进一步，从生活的记录者向专业内容的创作者前进吧！

短视频节目作为新媒体时代最典型的视频形态之一，包含了丰富的内容。在短视频节目里，你既可以看到温馨的生活场景，也可以体验不一样的生活，还可以收获许多知识。短视频节目中蕴含的社会文化价值和商业价值，使得它成为新媒体时代最受大家追捧的内容形式之一。

我们可能听说过很多互联网行业的术语，例如将内容分为UGC、PGC、OGC（用户生产内容、专业生产内容、职业生产内容），或是将内容输出者定义为KOL、KOC（关键意见领袖、关键意见消费者）等。对于我们而言，我们可以先搁置这些传播学或者营销学的概念，从制作的角度，对各种短视频节目从内容上进行分类。因为不同的内容对于制作者来说，可能意味着不同的制作流程。

◆ 短视频纪录片

纪录片可能是最古老的一种影视艺术类型。我们之前制作的Vlog也属于纪录片的范畴。短视频纪录片的时长通常为几十秒至数分钟，展现包含人文、地理、历史等纪录片核心要素的内容。而制作精良的Vlog，更是大量借鉴纪录片的制作方式。许多优秀的视频创作者都从个人角度出发，利用个性化的审美品位及富有特色的视听语言，将个人经历和观点展示在短视频纪录片中。

除此之外，一些传统的纪录片的制作思路也逐渐向短视频靠拢，即利用唯美的视听语言和精良的文案，以第三人称视角展现浓缩的内容。《故宫100》《早餐中国》《北京青年》《日食记》等各种形式的短视频纪录片都深受观众们的喜爱。

◆ 短视频专题节目

短视频专题节目是短视频节目最主要的类型之一。这种节目通常会有一名主持人来阐述节目内容，并通过对某一专题内容的讲解吸引观众。在这里，主持人不仅是一名播音员，还是内容的整合和制造者。优秀的短视频专题节目中的主持人可能会成为KOL，带来一定规模的粉丝效应。短视频专题节目的功能性非常强，涉及的领域非常多（如知识科普领域或衣食住行领域），能传播大量信息，具有巨大的商业价值。

短视频专题节目的形式非常丰富：可以是一个人在镜头前进行阐述，可以是街拍真人秀；也可以是通过展示资料图表来讲解知识和阐述观点，还可以是探店体验Vlog。短视频专题节目既能够教观众生活小妙招，又能够让观众在文化和历史中感悟人生哲学……总而言之，我们看到的大部分短视频节目都是以短视频专题节目的形式出现的。

◆ 泛娱乐类综艺节目

泛娱乐的概念可以用来描述大量的"颜值类""萌宠类""搞笑类"视频。这些视频内容无特定的主题，主打形式上的泛娱乐化。在短视频平台中，每个时期都会存在一些流行的内容。这些内容或是对音乐、舞蹈的演绎，或是一段具有特色的配音内容，制作并不烦琐，创作者通常通过个人颜值或个人表现力来吸引观众。

随着创作者之间的竞争加剧，泛娱乐类短视频在画面上有了极大提升。尤其是类似"神明少女""光剑挑战"等内容中对于灯光元素的运用，让泛娱乐类短视频的制作水平上升到了新的高度。同时，创作者对于镜头运动、灯光、剪辑等方面的要求也日趋提高。

除此以外，泛娱乐类短视频还有小品或综艺等。例如一人分饰多角的角色扮演小品，或是对于某些娱乐类话题的演绎解读。这些短视频诙谐幽默，又能犀利地反映人性或评论生活中的某些事件，让观众可以在观看过程中产生共鸣。例如Papi酱、圆脸颖等，已经成为泛娱乐类短视频创作者中的优秀代表。

◆ 泛资讯类节目

这一类内容往往是新闻内容的延伸，创作者通过对新闻图片和新闻视频进行二次剪辑，传播新闻资讯。泛资讯类节目通过图文结合、现场直击等形式，使短视频平台能够及时传播大量新闻资讯。

尽管这一类视频有可能存在对新闻来源的把关不够严谨，以致有些人夸大事实甚至编造谣言的弊端，但是资讯类节目丰富的新闻来源已经成为当今新闻重要的组成部分，一些主流新闻媒体播出的新闻节目会大量引用泛资讯类节目内容，尤其是在抗灾、民生等新闻中，泛资讯类短视频已成为不可或缺的第一手资料。

与此同时，主流媒体也纷纷加入泛资讯类短视频的制作中，中央广播电视总台新闻新媒体中心推出的《主播说联播》就是其中的典型代表。

◆ 创意特效类短视频

这类短视频节目通过视觉奇观吸引观众。随着技术的不断进步，大量新奇的摄影机、镜头诞生了。例如Insta360和Gopro公司都生产了很多有趣的运动摄影机，创作者通过它们可以进行全景记录或以特殊的视角进行拍摄，为观众带来和日常生活完全不一样的视觉体验（图3-1）。

图3-1 用Insta360 one X拍摄的画面

此外，传统动画、定格动画等也大量出现在短视频的制作中。很多合成特效或剪辑技巧的使用，让以秒计的短视频充满了节奏感和画面美感。这样充满视听冲击力的短视频，能够在短时间内抓住观众的眼球，让人看后大呼过瘾。

◆ 二度剪辑短视频

二度剪辑短视频通常指对已有素材进行再次加工的视频，常见形式为对电影、电视剧等的内容进行解说、配音或"鬼畜"剪辑。这类短视频节目或以素材本身的内容为基础，或是通过娱乐化的解读对素材内容进行解构。

这类短视频节目有比较大的侵权隐患。2021年12月，中国网络视听节目服务协会发布《网络短视频内容审核标准细则（2021）》，其中第93条规定，创作者不得未经授权自行剪切、改编电影、电视剧、网络影视剧等各类视听节目及片段。这类短视频节目今后的发展还有待观察。

◆ 短视频剧情片/微电影/微短剧

和泛娱乐类短视频不同，短视频剧情片或以往称为微电影、微短剧的视频，更贴合我们以往对于影视剧的定位。这类短视频节目通过几个镜头形成的片段，高度展现了影视剧中高潮段落的创作手段。短视频剧情片通过剧情反转及视听语言，为观众带来了个性更加鲜明、笑点更加密集的剧情短片，例如抖音短剧和快手小剧场中的各种剧情短片。

除此以外，短视频平台上的剧情短片大多融合了竖屏画幅比例的视听语言特点，有些剧情短片甚至使用了类似桌面电影的新型视听语言，能让偏好快节奏的观众在一瞬间被其剧情和风格吸引。

3.2
视频平台与用户特征

◆ 综合视频平台

代表平台：优酷、爱奇艺、腾讯视频、芒果TV

综合视频平台主要指以视频为主要传播内容的全类型视频播放平台，涵盖电影、电视剧、综艺节目、动画和赛事直播等丰富的视频类型与视频资源，这类平台主要有优酷、爱奇艺、腾讯视频、芒果TV等。综合视频平台不仅拥有很多电影和电视剧的播放版权，也通过推出自制剧和自制综艺节目等吸引着广大观众的注意。近年来，随着短视频节目的流行，综合视频平台也在不断扶持自身短视频自媒体频道的发展。综合视频平台对于上传短视频的类型、时长和内容没有过于严苛的要求，在传播上也不像短视频平台一样有过强的"快餐"属性，因而非常适合短视频节目的传播。而爱奇艺、腾讯视频、优酷等平台也凭借自身的影视节目资源优势，吸引众多传统电视台、知名媒体、艺人与KOL在平台创立频道并上传短视频自媒体节目。

以"悦享品质"为品牌口号的爱奇艺（图3-2）是中国最受欢迎的综合视频平台之一。爱奇艺为观众提供了丰富的正版视频资源，观众可以在爱奇艺上观看包括电影、电视剧、综艺节目、动画在内的多种类型的视频内容。不少电视台、电影制作公司、电视剧制作公司和综艺节目制作公司也会与爱奇艺合作，实现传统视频内容与平台向自媒体内容与网络平台的转型与发展。另外，作为拥有海量付费用户的视频网站，爱奇艺也不断推出优秀的自制剧和自制综艺节目，凭借其自身的VIP机制，为付费用户提供了高质量的视频内容和良好的视听体验，获得了良好的口碑。

iQIYI 爱奇艺

图3-2 爱奇艺

◆ 短视频平台

代表平台: 快手、抖音、微信视频号

短视频平台作为自媒体行业的中坚力量, 拥有巨大的流量池, 因而吸引了众多自媒体创作者入驻。其中最为大众所熟悉的短视频平台包括快手、抖音、微视、美拍、秒拍等。于2020年1月推出的微信视频号也是短视频平台中不容小觑的一员。与综合视频平台不同的是, 短视频平台对于上传的视频有时长限制, 一般会将视频时长限定在15秒到1分钟, 最长一般不超过5分钟。这意味着在短视频平台中传播的自媒体节目需要迎合短视频用户快速浏览的需求, 以更新鲜和更有创意的内容迅速获取用户的注意力, 因此话题要小, 内容要精。而这种碎片化的内容呈现方式事实上并不适合一些自媒体节目, 特别是对于具有一定深度和内容丰富的自媒体节目而言, 在短视频平台上传播具有很大的局限性。

抖音 (图3-3) 是字节跳动公司旗下的一款音乐创意短视频社交软件, 以短视频作为视频内容的主推类型。抖音的视频类型多样, 用户的年龄、地域、受教育程度等跨度极大。抖音有一套强大的推荐算法, 让人人都有 "火" 的机会, 因而吸引了大众广泛地参与创作, 甚至众多品牌和艺人也在抖音开设账号、分享内容。虽然抖音的流量巨大, 但视频质量参差不齐。在抖音上发布的短视频需要在短时间内迅速抓人眼球, 迎合用户快速浏览的需求, 因而节目创作者需要在视频中凝练并输出精华内容。

图3-3 抖音

◆ 垂直类视频平台

代表平台：Bilibili、小红书

垂直类视频平台指集合垂直领域视频内容的集群化视频平台，比如大家熟知的小红书（图3-4），其定位为专注于年轻人分享生活点滴的生活方式平台。此类平台逐渐成为人们获取知识、资讯和经验的重要渠道，其用户也具有很强的集群化特征。再如Bilibili（图3-5）则曾是高度集群化的二次元领域的视频平台。当然，我们也可以将一些垂直性更强的自媒体平台归在这一类，比如创业平台、在线教育平台、母婴平台、汽车平台等仅针对某一特定领域的内容进行相对单一化传播的视频平台，这类平台的内容创作门槛相对较高。虽然垂直类视频平台具有一定的针对性和功能属性，但当下这类平台也在一定程度上打破了集群化的特征，在内容、功能和传播策略上向更加综合、多元的方向发展。例如小红书自增加"视频笔记"功能以来，吸引了越来越多的自媒体创作者在其上推出自媒体节目，打破了原本的图文分享模式，同时还结合自身的电商业务，进行全领域的发展。又如Bilibili对于不同领域的视频内容进行细分，不少知识型和深耕于特定领域的自媒体创作者在其上建立个人频道，上传垂直度和专业度较高的视频节目。

图3-4 小红书

作为近年来热度较高的自媒体平台，小红书已成为用户数突破两亿的大型分享类自媒体社区，创作者可以通过图文、短视频等形式分享生活、推荐好物、传递生活理念等，并与拥有相同兴趣的用户互动。许多新兴小众品牌在小红书上取得了长足的发展，不少人也通过在小红书中分享生活实现了名利双收。对于时尚类（美妆、穿搭等）和生活类（健身、美食、旅行）自媒体创作者来说，在小红书上推出短视频节目是不错的选择。

Bilibili，简称B站，是以"Z世代"为核心用户的综合性视频社区。自2009年开办以来，B站以其独特的年轻气息、富有亲和力的社区氛围、多元化的内容和敏锐的流行文化洞察力，不断吸引众多自媒体创作者入驻，收获了约2.23亿的月均活跃用户数（数据来自B站官网）。B站的内容创作者统称为"up主"，B站引领了"弹幕"这一重要的互动形式，持续致力于提高up主的创作活跃度并着重把控视频节目的内容质量。B站的视频节目因其较高的受众黏合度在众多自媒体平台中脱颖而出，成为优秀自媒体节目的核心输出力量。B站对于视频自媒体节目有着丰富而具体的分类，基本囊括了各种类型的视频自媒体节目，众多知名博主都在B站开设了个人频道。

图3-5 Bilibili

◆ 直播视频平台

代表平台：斗鱼、虎牙直播

近几年，直播视频平台中诞生了一股不容小觑的自媒体力量，随着直播技术的逐渐成熟，直播视频平台愈发深刻地影响着大众的娱乐与消费方式。以斗鱼、虎牙直播为代表的直播视频平台包含了丰富多彩的直播类别。人们可以在直播平台上以弹幕、连麦、打赏等方式与主播进行互动。直播视频平台的内容以游戏类、体育类、购物类、生活类、以及知识分享类为主。游戏类直播出现较早，很多竞技类游戏主播及职业游戏战队会与直播视频平台签约，粉丝黏性较强。生活类直播的门槛很低，众多网友通过直播分享生活，分享的内容五花八门。娱乐类直播常以唱歌、跳舞等才艺展示为主，主播往往颜值较高，直播中与网友的互动性较强。当然，当下最流行的直播类别便是购物类直播，以抖音、淘宝为首的平台也将直播作为重要的业务版块，各大品牌与网店通过直播"带货"的方式为自己的店铺引流，因此出现了众多颇受欢迎的购物类主播，重塑了大众购物的方式。2022年上半年，直播视频平台中也涌现了一批以刘畊宏为代表的健身运动主播，掀起了全民健身的新风潮。

斗鱼（图3-6）是一家涵盖、娱乐、生活等内容的弹幕式综合类直播视频平台。其中，游戏直播作为其最主要的直播版块，得到了众多游戏玩家的青睐。

图3-6 斗鱼

3.3

社会文化与商业价值

短视频自媒体节目的蓬勃发展促使新的行业、新的商业模式诞生，其中蕴含着巨大的社会文化和商业价值。

◆ 新的流行文化策源地

在新媒体时代，大量网络用语都来自短视频平台和短视频自媒体节目。如今，如果没有看过这些短视频节目，你可能真的不能明白大家说的很多词语是什么意思。每个时代都有具有代表性的大众文化，媒介形态也在塑造社会文化方面扮演着重要的角色。如果在二十世纪八九十年代，电影、电视剧是当时主要的媒介形态，那么，短视频节目就是当下主要的媒介形态。

视频创作者在视频中不断演绎着新的戏剧性文化元素，这些表演内容相当芜杂，但其中心都围绕着对趣味性和吸引眼球的追求。尽管其中不乏哗众取宠和低俗的内容，但是总体来说，短视频节目反映了广泛人民群众的文化偏好。

在短视频节目中，大量的创作者和观众都是年轻人。年轻人对于流行文化的敏感度极高，任何新鲜的词语经过短时间的发酵都可以在一定程度上引发全网热潮。加上新媒体短视频节目的互动性较强，让这种流行元素不断地被二次创作、迭代升级，不断地成为新的流行元素。

◆ 带动传统行业转型升级

在自媒体时代到来之前，企业主要通过线下渠道、电视广告、户外广告等方式进行营销宣传。自媒体时代的到来，帮助企业找到了营销宣传的新渠道。通过视频互动营销，企业可以与用户深度交流，向用户演示消费场景和使用方式。同时，企业可以通过短视频节目打造更好的品牌形象。不少金融、电信等行业的企业都通过短视频节目打造出了完全不同的品牌形象。

对于媒体行业本身而言，短视频也促使其尽快进行转型升级。在融媒体时代，无论是中央媒体还是地方媒体，无论是电视媒体还是网络媒体，都致力于打造新媒体节目，并在全平台制作大量的优秀短视频节目。例如新京报的"时间视频"就对传统的纸媒新闻进行拓展，自2017年成立以来，迅速进行泛资讯类短视频第一阵营，在热点事件、财经人物、校园生活等领域生产出大量高质量的泛资讯类短视频。

◆ 巨大的市场和营销价值

当短视频节目逐渐形成品牌并积累了一定的粉丝时，很多短视频节目开始寻求从文化价值向商业价值的延伸。但我们在讨论实现短视频节目的商业价值的途径之前，需要明白这一点：短视频节目具有商业价值的前提是具备一定的粉丝基础和传播能力，而短视频节目具备影响力的保障则是优质内容的持续性输出。所以，制作出高质量的短视频节目是实现其商业价值的前提和核心。在保障持续输出优质内容的前提下，创作者可以从以下几点寻求突破，逐渐通过短视频节目引流、变现和创收。

内容付费：内容付费的核心是通过优质内容来获利。内容付费的形式主要包括在线付费观看和点赞打赏等。在线付费观看的形式多为垂直领域的知识付费，如付费购买线上课程、付费阅读等。这种变现形式在知识类自媒体节目中较为常见，但这种形式对于节目的内容和质量，以及创作者自身的文化与专业修养的要求较高。点赞打赏是在很多自媒体平台中常见的内容付费形式，观众在观看节目后，可根据自身对于节目的满意程度自愿对其进行点赞打赏。不少创作者会在节目的结尾引导和鼓励观众进行点赞打赏。

平台支持：自媒体平台会对内容优质、具有一定粉丝基础和影响力的创作者提供流量分成和平台补贴等形式的支持。流量分成指的是创作者通过完成平台任务，与平台相互扶持获利的形式。每个平台对于流量分成都有自己的规则和标准，但获得流量分成的前提是节目具有一定的流量基础。平台补贴是各大自媒体平台吸引创作者加入并鼓励其产出优质内容的一种手段，创作者可以关注各大平台公布的扶持策略来具体了解补贴的方法和形式。

广告收益：在自媒体节目中进行产品推介和广告植入也是创作者的重要变现方式。不少创作者在具有一定的粉丝基础和影响力后，便会吸引品牌和商家投放广告。品牌在选择创作者进行产品推介时，往往会考虑创作者的节目类型和粉丝类型。比如美妆博主更容易收到化妆品品牌的合作邀约，汽车博主则可能收到汽车品牌的合作邀约。随着节目影响力的扩大，创作者可能会收到越来越多的合作邀约，但创作者切勿盲目地开展合作，而要考量对方的产品质量、对方产品与自身节目的契合度和对方品牌的口碑，因为大众对于产品和品牌的评价可能会反作用于创作者,并影响粉丝对节目的信任和认可。创作者在短视频节目中进行广告植入时需要注意形式和技巧,切忌过于生硬,应尝试以具有个人风格、富有幽默感、与节目内容相融合的方式进行自然地植入,以免引起粉丝的反感。

自营电商:自营电商是当下自媒体行业中较为常见的一种创收形式,创作者会在短视频节目中有意识地为自己经营的店铺引流,从而带动店铺产品的销售。创作者往往还会配合采用直播、促销活动等形式以更好地实现引流和刺激消费的目标。以知名自媒体IP"日食记"为例,在以优质的美食类短视频节目收获大众好评后,"日食记"逐渐成为知名美食IP,不仅通过线上商店成功引流变现(图3-7),还在上海开了线下体验店,可谓是自媒体IP商业化的成功案例。

MCN模式:多频道网络(Multi-Channel Network,MCN)公司是指在经纪模式的基础上,为自媒体创作者、"网红"等提供支持和经纪管理的机构。不少自媒体创作者选择签约MCN公司,接受MCN公司提供的内容管理、形象包装、个人品牌打造与推广等服务。在这种模式下,MCN公司会提供专业的支持,代理或帮助自媒体创作者运营相关账号,帮助创作者实现内容变现。MCN模式的形成也是自媒体商业价值的重要体现。

图3-7 "日食记"的线上商店

跨界合作与成立个人品牌：不少优秀的创作者会在原来的领域取得一定成就后向其他领域进军，进行与品牌的跨界合作或成立个人品牌等。国外很多知名美妆博主都在其节目积累了一定的良好口碑后推出了个人彩妆品牌。又如国内知名穿搭博主Savi以其优质的穿搭类节目收获了众多时尚品牌的青睐后，先后与C/MEO、内外等知名品牌合作推出了一系列服装。无论是跨界合作还是成立个人品牌，都是创作者实现自身发展的重要方式，通过这种方式，创作者能够完善自身的商业布局，扩大影响力，实现更大的商业价值。

04

文案写作

我们在策划好一档短视频节目以后，就要开始做前期准备工作了。在这时，详尽的文案能够帮助我们更快地在制作前建立对节目的认知。节目的文案就像电影剧本，它的内容和内涵决定了节目的精彩程度。有些节目，例如短视频专题节目，就是非常依赖文案。另一些节目，例如泛娱乐类短视频或短视频纪录片，貌似很多时候是事件在自然推进，事实上也有大量的文案引导。节目中的金句若能够成为网络流行元素，就能为节目带来大量流量，吸引更多观众。那么，如何进行节目文案的写作呢? 本章会给出答案。

4.1

洞察与表达

文案写作的第一步是找到一种观察世界的新方式——洞察。我们每天都在生活，但是很少有人会用大量的时间去观察世界，就像福尔摩斯对助手华生说："你是在看，而我是在观察，这有很明显的差别。"

"看"是被动的，而"观察"则是积极主动的。洞察则是在观察的基础之上更进一步，需要我们对事物进行分析，把握事物的本质。

◆ 找到认知与真相、认知与表达的间隙

简单来说，洞察就是"看透"。当了解足够多的事实之后，我们会或多或少地了解事实背后的规律，而这些规律往往是不易被发现和表达的。人们的认知和真相往往有很大的间隙，很多的"你以为"其实并不是事实。大量的短视频节目也由此诞生。尤其是知识类短视频专题节目，例如讲解产品使用体验、生活常识等的节目，都是在描述认知与真相的间隙。

而另一些能打动观众的内容描述的则是认知和表达的间隙。有些事情我们明明知道，但是就是不能用更简洁、优雅、深刻的文字和语言表达出来。我们需要通过文案来展现那些未被满足的需求、未被说出的心声、未被关注的感受和未曾实现的梦想。例如，探店、开箱、旅行等短视频节目，都是在满足观众未被满足的需求，能给观众带来不一样的体验。

◆ 如何表达

具体到执行层面，我们可以在文案中用一些小技巧，以迅速建立起观众对节目的兴趣。

首先，我们要建立节目与观众的联系。

"所有6月出生的人要注意了！"

"30岁以上的女性都要看看！"

"去过北京的你，发现这10个秘密了吗？"

上面这些标题就建立了节目与观众之间的联系，让观众想要点进去看一看。这种联系越紧密，文案就越能够有效地为节目引流。例如一个发生在国外的刑事案件，你可能并不关心；但是若你所居住的小区里丢失了一辆自行车，你可能会感到紧张，并看看自己的自行车还在不在。

其次，我们的文案要做到对目标观众提供有效的帮助。大部分观众在浏览节目时会主动发掘和自身相关的内容，或满足于获取对大部分人群都有帮助的内容。"这几种食品让你远离高尿酸""还找不到你的白马王子也许是因为这几件事"等文案通常能戳中观众的内容需求。

而"女孩一样有成为职场精英的权利""你的这些举动能保护那些可怜的流浪狗"等文案则通常能戳中观众的情感需求。这些文案尽管没有给观众提供"硬核"的知识性内容，但是它在另一个方面给观众带来了"被认同"的感受。这种文案能让观众积极地转发视频，寻找那些和他观点相同的人。很多人会在朋友圈中发表自己做公益、锻炼身体的照片，这就是一种典型的"认同需求"。他们需要让别人知道他是一个有爱心、积极锻炼身体的人。

再次，我们需要让节目的内容"有趣化"。大量的节目其实具有很好的内容基础，对观众很有帮助，但观众就是看不下去。因此，在内容吸引人的基础上，我们可以适当地让观众在观看节目的过程中感到放松。例如插入一些糗事、搞笑事，或尝试用故事和叙事来阐述内容。同时，我们要避免内容庸俗化，不要滥用网络用语，那样会让观众降低对节目内容的评价。

最后，我们需要让观众对节目内容有所期待。例如我们会看到有的节目在开头提到："5个小技巧，最后一个我保证你从来没听说过！"这种文案就能够极大地引发观众兴趣，让观众对后续节目内容充满期待，有的观众就非得要看看第五个小技巧到底是什么。这样的文案极大地提高了节目的完播率，甚至提高了观众的讨论度。如果是系列节目，创作者可以在节目结尾让观众对下一个节目充满期待。例如，"下次看到的内容是比这次还惊险10倍的场面""如果点赞数过1000，我将会让你们看到从未看到过的画面"等。这些结束语会让观众的关注度持续提高，对节目充满期待。

◆ 找到你的目标观众

前文中一直提到观众，但是很多创作者对观众的定位其实并不清晰。"目标观众"究竟是一群什么样的人呢？只有了解了这些人，我们才能更深入、更垂直地写出让他们感兴趣的文案。

在定义目标观众的时候我们经常犯一个错误——把目标观众的范围定得过窄。事实上，所谓的"定义"并不应是不断把越来越多的人排除在我们的目标范围之外，而是应该将更准确的人群包含在我们的目标范围之内。准确的文字描述可以提炼目标观众的共性，而把目标观众限制在一定的指标之内只能粗略地筛选。

我们经常看到文案中出现的指标，如"18岁以上的大学生""35岁以上、月收入在10000元以上的职场青年""每天早上7点起床乘公交上班的年轻人"等，所描述的观众对我们的创作毫无帮助。为什么16岁的中学生不能看？为什么35岁以上、月收入9000元的不能看？乘公交车上班的人中，有些是因为省钱，有些是因为方便，有些还因为要践行环保理念……这些完全不同的人被我们机械地定义，导致节目内容并不能准确覆盖我们想要的群体。

因此，内心特征的描述比外部特征的描述更重要。

我们可以把目标观众定义为"那些想要去旅游又没有足够时间的年轻人""那些内心充满稀奇古怪的想法又因为客观原因不能实现的人""那些想要在约会前给男朋友露一手但没有下厨经验的人"等，此时这些人的需求便会明确地浮现在我们面前。

4.2
节目结构

在具体撰写文案时，我们可以通过一些简单的框架去搭建节目的结构，这样能够迅速形成节目文案。

◆ 节目导览

一般的短视频节目的前5~15秒为一个简单的节目导览。节目导览会把节目中最精彩的瞬间或金句呈现出来，以吸引观众的注意。在短视频平台中，通常节目前几秒的观众留存率直接影响了节目的完播率和平台推荐权重。因此，在节目前几秒我们必须想方设法留住观众，而设置节目导览就可以让观众觉得节目有意思，使其有看完的冲动。

◆ 开场

在节目开场，主播需要概括节目的主要内容，包括节目的主题、结构、精彩看点。主播可以用讲故事的方式吸引观众的注意，也可以通过提问的方式让观众主动参与到节目中。

◆ 主要内容

这个部分一定要注意节奏，要能吸引观众持续看下去。一方面，主要内容要结构清晰。我们要让观众始终在节目的故事线中，让他们能够看明白节目的最终意图或目的，或者主要内容应该要有完整的关于理性内容的叙述逻辑。另一方面，我们要保持对观众的高频次刺激。根据短视频平台的算法，平台会对视频的几个关键数据进行检测，再根据这些数据将视频推荐给更多用户。这些数据包括有效观看量、观看时长、完播率、点赞量、评论量等。因此，发布在抖音等平台上的短视频的时长尽量保持在1分钟以内，发布在西瓜视频或Bilibili等平台上的短视频尽量每分钟设计一个段落或转折。这样做可以更好地保证视频的完播率等数据表现较好，让视频能更好地通过算法被平台推荐。

◆ 结尾

结尾一方面需要实现"让观众有期待"的目标，另一方面需要对节目内容加以升华。当然，强行升华并不可取。升华是指在不脱离主题内容的情况下说出令观众意想不到的论断，从而把节目提升到一个新高度。从某种意义上说，升华是指"欧亨利式结尾"（出乎意料、又合情合理的结尾），既要不脱离主体，又要令观众向更深层次思考，从而提高节目的整体水平。

◆ 进一步学习

如果想进一步提高文案写作水平，我们可以通过对短视频节目拉片，对优秀节目的结构、文案进行详细的分析，再创作自己的节目文案。当然，我们也可以直接通过网络资源，学习优秀文案的写作方法与技巧。下面给大家推荐一些值得参考学习的网站。

梅花网：在这个网站上，大家不用注册就能免费看到大量的国内外优秀文案，文案类型丰富且分门别类地进行了整理，包括视频广告文案、短视频文案、微电影文案、互动广告文案和平面设计文案等。

数英网：作为一个新媒体互动平台，在这里我们除了能够看到一些新媒体文案，也能发现一些有关新媒体文案、运营、广告传播等的方法，收获一些有益的创作思路和经验。

小鸡词典：这个网站有趣的地方在于我们可以在其中查询网络用语、新奇的名词解释、搞笑的谐音梗等，非常适合想要写出新潮、年轻化、有趣味的文案的朋友。

广告门：一个专业的广告营销类资讯门户网站，整合了不少商业广告文案。虽然这是个广告文案网站，但是广告文案的撰写对于新媒体文案的撰写也有不小的参考价值。

4.3

品牌与口号

◆ 固化偏好

除了具体的文案写作，我们还需要为自己的节目设计一个品牌。品牌对于视频账号的重要性不言而喻。简单来说，所有节目的品牌都会使观众建立一种固化的偏好。这也许是一种理性的偏好，例如你的节目真的对他的生活和学习有帮助；但也可能是一种非理性的偏好，观众仅仅认为你的节目很好、很有趣。

所以，如果我们能使观众建立这样的固化偏好，我们的节目就有了一批固定的核心粉丝群体，这对于节目的制作和发展都十分有好处。而品牌的建立只有一条路可行，那就是"拟人化"。

这里的拟人化并不是一定要建立以某个人为核心的个人IP，而是要打造节目的品牌IP。例如很多短视频专题节目类账号，如阿牛财经、大象放映室、急速拍档等，创作者或以不露脸的形式，或以多人出镜的形式建设品牌IP。当然，如果你的节目核心就是你本人，那你完全可以以个人IP为核心打造你的品牌。

品牌的力量完全可以让观众在一般情况下更加倾向于观看你的节目，或相对信任你所表达的内容。

◆ 一句口号

节目的品牌往往来自一句响亮的口号。在节目的开头或结尾，主播总是会喊出有关节目的口号。长此以往，观众甚至会对这些口号产生依赖，盼望着主播说出这句口号。

这句口号代表着节目品牌的核心价值，也是对节目核心价值的定义与表达。口号不仅要表明节目的内容，还要对个人IP或品牌IP进行强化。端庄的、憨厚的或古灵精怪的主播的口号一定是不相同的，例如"东北老妈在日本"的口号是"豪赤"，"几分钟义务教室"的口号是"不许忘啦"，"刘庸干净又卫生"的口号是"干净又卫生"，等等。

同时，口号要符合传播主题的一般规律，不能佶屈聱牙，也不能哗众取宠。往往越是浅显易懂的大白话，越有可能成为令人印象深刻的口号。

05

视频拍摄进阶

我们搞定了文案之后，就可以开始准备拍摄了。我们可以用手机进行拍摄，但是用手机拍摄有很多不便之处：不能更换镜头、传感器小、光圈不能控制、存储不灵活……这些缺点限制了手机在进阶视频拍摄进阶方面的可操作性。因此，我们需要使用摄影机来进行短视频节目的拍摄和制作。

有关摄影机的使用和更进一步提升拍摄能力的方法，我会在本章中详细阐述。

5.1

摄影机选择

◆ 摄影机的类型

从名称上来看，摄影机、摄像机、相机是在特定年代人们对于不同影像记录装置的细分。从功能上来说，只要是能完成动态影像拍摄和记录的设备，我们都可以将其称为摄影机。从实际使用的角度来看，我们可以根据功能、特点等将摄影机分成不同的类型。

相机外观类摄影机（**图5-1**）：这一类摄影机以索尼α系列、佳能EOS R系列、松下GH系列、尼康Z系列等为代表。它们多基于数码相机的外观和功能设计，大部分可更换镜头。也有如索尼RX100等不可换镜头的小型数码相机。这一类摄影机外观小巧，重量轻，大部分易于手持操作。在拍摄时，一般单人即可完成所有操作。

尽管拥有相机的外观，但是如索尼α7sⅢ等型号的摄影机实际上拥有针对动态影像摄影的传感器。使用这些摄影机能够拍摄极高画质的动态影像，有些机型还具有Log色彩、8K分辨率、高帧率等更专业的摄影机才有的功能。大部分情况下，使用这一类摄影机便可满足我们全部的新媒体视频创作需求。

当然我们必须承认，相机外观类摄影机仍然有一些由外观带来的固有缺陷。例如，由于机身通常较小，电池容量有限，导致的续航能力不强，显示器尺寸较小导致在拍摄画面中难以观察到细节，外接接口不全导致的拓展性较低……但是这些缺陷并不会阻碍相机外观类摄影机成为如今使用范围最广的摄影机之一。

广播级摄影机（**图5-2**）：广播级摄影机在过去也称为广播级摄像机，因为它多为专业电视台或节目制作机构使用。现在，广播级摄影机不仅用于摄制在电视台播出的节目。从网络节目到低成本影视剧，广播级摄影机以其良好的画质和专业级的各种拓展功能，受到各种专业人士和影像爱好者的追捧。尽管一些广播级摄影机具有和大多数数码相机相同的传感器，但是他们的储存方式不尽相同。从传统意义上讲，广播级摄影机在录制中必须符合一些工业或行业标准。同时，这类机型大多都配有XLR接口，用来连接专业麦克风录制声音。同时，广播级摄影机中有一类是专门用于在摄影棚内录制的讯道摄影机。它可以通过综合电缆与导播台连接，并把信号传输到广播级导播系统之中，适合长时间在摄影棚内录制。

如今，广播级摄影机向着小型化发展，如索尼FX3等更是与普通相机的外观几乎相同，而广播电视的标准也随着新媒体的传播平台而变得逐渐模糊。但是广播级摄影机仍然以高于相机外观类摄影机的功能性和实用性,在专业级拍摄中占据主流地位。

图5-1 索尼a7s III 相机

图5-2 索尼FX6摄影机

电影摄影机(**图5-3**):从传统意义上讲,电影、电视剧在制作标准、存储介质、放映形式上是有明显区分的。而在全数字、多平台的新媒体时代里,我们很难找到电影与电视剧的分界线在哪里。事实上,电影和电视剧的制作方法在如今这个时代已经彼此混淆交融。而所谓的电影摄影机,也仅仅是厂商为了区分摄影机的级别而推出的一类产品。在这样的划分下,电影摄影机拥有如今所有摄影机中最高的画质和良好的扩展性。尤其是以Raw格式进行拍摄的能力、顶级的色彩还原能力,拉开了其和其他摄影机的差距。

图5-3 Arri Alexa电影摄影机

运动摄影机（图5-4）：运动摄影机通常体积很小，并且大部分都防水防尘。很多运动摄影机甚至可以在没有保护的情况下进行水下拍摄。这些特性让运动摄影机能够拍摄到大量的视觉奇观。运动摄影机能够以各种角度固定在各种位置，利用这一点，我们可以通过它拍摄很多具有创造性的画面。例如有创作者在短视频平台发布了利用Insta360 GO2运动摄影机拍摄的动物视角短视频，吸引了大量用户观看。如今，大量的运动摄影机都配有电子稳定功能，因此就算手持拍摄，得到的画面也不会由于手抖而变得不稳定。

但是运动摄影机由于体积过小，在画质、续航、散热方面有先天的劣势，它的镜头大多是超广角镜头。大部分时候，运动摄影机仅仅是我们拍摄视频的辅助工具。

图5-4 Insta360运动摄影机

航拍摄影机（图5-5）：近年来，由于多旋翼小型航空器的技术愈发成熟，以大疆为代表的企业生产了各种型号的小型航拍设备，如Mavic系列航拍摄影机。通过航拍摄影机，我们可以拍摄到完全不同的画面，这有利于丰富视频的视觉层次。与运动摄影机一样，通常情况下，航拍画面并不能单独成为视频的主体内容，而是作为视频的辅助内容。

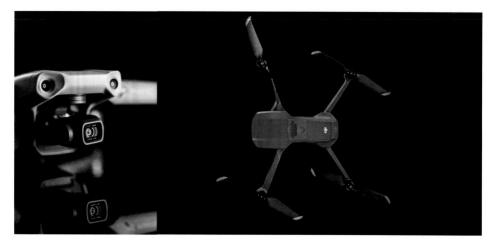

图5-5 大疆Mavic Air航拍摄影机

◆ 认识图像传感器

图像传感器是所有摄影机最核心的部件之一，相当于传统摄影机的底片。它的尺寸和性能能够决定视频的成像质量。如今，绝大部分图像传感器采用CMOS半导体制成（图5-6）。图像传感器上密布着千万个独立的像素点，用来记录光线的变化。

图5-6 COMS图像传感器

图像传感器的尺寸是影响画面质量的重要因素。很明显，在相同的像素数量下，图像传感器的尺寸越大，单个像素所占用的面积就更大。想象一下，在一个100m^2的空间里只住3个人，那每个人能获得较大的居住面积；但是若在100m^2的空间里住了100个人，每个人能获得的居住面积就很小。

图像传感器的尺寸还影响画面的透视，在相同焦距下，图像传感器的尺寸越大，我们拍到的画面越广。同样，在构图相同的情况下，图像传感器的尺寸越大，我们拍到的画面景深越浅。这部分内容在本章有关镜头的部分有详细解读。

通过电路控制或数 字算法，图像传感器可以具有不同的光线敏感度。我们将这一特性称为感光度。一般来说，感光度越低，画面中的噪点就会越少，画面就越纯净；而感光度越高，相机感受光线的能力就越强，但相应地，画面中的噪点就会越多。在光线允许的情况下，我们应该尽可能调低感光度，以保证画面质量。

不同的图像传感器拥有不同的宽容度。相对来说，更大的宽容度会让画面中高光和阴影部分的过渡越细腻，画面效果就越好。

◆ 画面的分辨率

图像传感器的尺寸决定了摄影机呈现的画面的物理尺寸，但是最终的视频画面尺寸是由画面的分辨率决定的。我们都知道，数字影像的画面是由一个一个像素排列组合而成的，像素越多，我们能感受到的画面细节就越丰富。

如今，视频制作已经全面进入高清时代。高清作为视频尺寸的基本格式，在各种制作环节都会被反复提及。目前常见的视频画面的像素数量为1920（横向）×1080（纵向）个。当然，在竖屏制作中，像素数量会变成1080×1920个。这样的像素数量对应的分辨率称为全高清（Full HD），简写为1080P。

除了1080P，还有720P，它的像素数量为1280×720个；以及4K，它的像素数量为3840×2160个。当然画面尺寸的增加并不意味着画面的清晰度就一定会提高。事实上，画面的清晰度是一个主观感受，它和很多因素有关，画面尺寸是其中一个重要的因素。如果我们能拍摄像素数量更多的画面，不仅可以提高画面的清晰度，还能够给后期制作留出更多的裁剪空间。因为大部分视频平台支持的分辨率为1080P（截稿时数据），如果拍摄的是4K甚至8K的视频，我们就可以在后期制作的时候选取画面中的一部分进行裁剪，从而确保不会过于降低画面的清晰度。

像素数量的增加会造成文件大小的增加，因此在分辨率的选择上，我们要根据实际情况确定。当然，我们通常应选择更高的分辨率，以保证后期制作时有更大的操作余地。

◆ 视频编码与码率

想必大家都见过各种各样的视频文件吧？不知道大家有没有注意这些视频文件的后缀名呢？是.mov？是.mp4？还是其他的后缀名？不同的后缀名意味着要使用不同的封装器封装。简单来说，封装器就是我们吃饭时的盘子，不同材料、不同形状的盘子适用于不同的菜品。而真正的菜，是封装器内部的视频编码。

不同的视频编码有着非常不同的特性，我们先不用了解例如色彩深度、色彩采样这样的专业术语，知道这些视频编码的适用场景不同即可。有些视频编码适合传输、记录，而有些视频编码适合编辑。常用的视频编码包括H264、H265、Apple Prores等。

　　如今，大部分摄影机都采用H264进行记录，这种视频编码可以适用于多种尺寸、可变码率的视频文件，适用性非常强。例如索尼摄影机中的XAVC就是这一视频编码的变体。而H265作为一种新型的视频编码，在相同画质下，相应文件的体积只有H264的60%左右，极大地节约了存储空间和传输带宽。但是H265在编辑的过程中需要硬件加速，而现在支持这种视频编码的硬件着实很少，如果用普通电脑编辑H265的文件，就会异常卡顿。Apple prores是一种非常易于编辑的视频编码格式，但是它不可调节码率。Apple Prores的码率都是固定的，这导致大部分采用该视频编码的文件都十分巨大，需要更多的存储空间。诸如此类，每种视频编码都有自己的优劣，我们需要根据工作条件和成片要求选择适合的视频编码。

　　对于H264、H265这样的视频编码来说，它们的码率是可以调节的。码率又称比特率，是指单位时间内传输的信息量。一般以Mb/s或Kb/s为单位。在拍摄时选择更大的码率，会让画面细节更加丰富，画质也会越好。但是更大的码率会导致视频文件占用更多的存储空间。所以在拍摄时，我们要准备容量足够大的存储卡。一般来说，单张容量在128GB以上的高速存储卡才能满足高画质视频的拍摄需求。

5.2

摄影机设置

　　一般来说，相机外观类摄影机对于短视频节目的制作更实用，而且性价比更高。当拿到相机以后，你一定想立刻用它拍摄你想要的美好画面，但很快就会被它的各种按钮和菜单里的各种设置搞迷糊。

　　诚然，大部分摄影机都有全自动（Full Auto）挡位，但是如果你拿着上万元的摄影机和镜头，却还在采用手机拍摄时的方法，那也太暴殄天物了。事实上，相机的各种功能都可以极大地影响拍摄效果。

　　拿到摄影机后，我们应该先将上一节中提到的画面的分辨率、视频编码及码率等设置好。一般来说，我们可以选择H264的视频编码，1080P的分辨率，25FPS的帧率，这样的设置兼顾了兼容性和清晰度。如果对画面细节有更高的要求，我们可以选择4K的分辨率。如果需要拍摄运动画面，我们可以选择50FPS的帧率。接下来，我们就来看看摄影机上有哪些关键参数是拍摄时必须要注意的。

◆ 帧率

我们都知道,动态影像是由若干幅静态画面快速播放而得到的。由于人类的视觉暂留和格式塔心理学效应的共同影响,如果一秒之内有超过10幅左右的静态画面连续播放,人眼就能看到近似于动态的影像。

我们将视频中一幅静止的画面称为一帧,一秒钟内出现的帧的总数就称为帧率,单位是帧/秒,通常在摄影机中显示为fps(frame per second)。由于历史的原因和技术的发展,进入数字时代后,动态影像具有不同的帧率标准,分为电影行业标准和广播电视行业标准,而我国采用PAL制式,这使得大部分视频的帧率被设定为25fps或50fps。

此帧率的设定和交流电的换向频率等有着复杂的关系,但是总而言之,我们在国内拍摄和制作影片时使用25fps或50fps就可以兼容绝大部分情况了。而其他的帧率,例如24fps、30fps、60fps等,都是制作电影时采用的或NTSC制式下的帧率。

在一般情况下,回放帧率和拍摄帧率是一致的,这样我们便会看到和现实生活一样的动态影像。但是我们也可以选择与回放帧率不一致的拍摄帧率。我们如果提高拍摄帧率,在一秒钟内拍摄更多的画面,在回放时就会看到慢放的画面;反之,如果降低拍摄帧率,在回放时就会看到加速播放的画面。所以,你如果想展现一些唯美的场面,可以拍摄50fps甚至100fps的画面,然后在剪辑时用0.5倍的速度播放,这样得到的慢动作画面就会非常流畅。

◆ 快门速度

假如我们设置了25fps或者50fps的帧率,那每帧画面的拍摄时间就是1/25秒或1/50秒吗?答案是不一定。

每一帧画面都是一张单独的照片,这些照片是通过一定时间的曝光形成的,这个时间也称为快门速度。

正如图5-7中所展示的,当快门速度较低时,运动的物体会将其运动轨迹留在画面中,从而形成一定的运动模糊效果。这种运动模糊效果如果非常强烈,便会形成一种独特的画面风格。导演王家卫在其执导的电影中就经常使用运动模糊效果,以展现影片内容和现实生活的疏离感。

快门速度1/800秒　　　　　　　　　　　快门速度0.4秒

李成旭 摄

图5-7 以较高快门速度与较低快门速度拍摄的画面

在我们的生活中，运动模糊现象无处不在。你可以试着在眼前快速挥手，这时你只会看到一些模糊的影像。快门速度更高的时候，运动模糊效果会减弱，运动物体的边缘会愈发清晰。但是，我们也不能过度提高快门速度，如果单帧画面的运动模糊效果太弱甚至没有，观众便不能得到和现实一样的视觉体验，这样的画面反而会看起来有些卡顿。所以一般情况下，我们需要保持摄影机的快门速度为1/50秒或1/100秒。

这样的快门速度一方面可以使画面中具有恰当的运动模糊效果，同时与大部分发光电器的闪烁频率相同。事实上，日常生活中的大部分灯光都在不停地闪烁，如果快门速度和这些灯光的闪烁频率不一致，便会导致画面的局部曝光不一致（图5-8）。

图5-8 快门速度与灯光的闪烁频率不一致导致的局部曝光不一致

◆ 色温与白平衡

我们之所以能看到各种各样的物体，是因为它们能够反射光线。而我们看到不同颜色，是因为各种物体能够吸收和反射不同波长的光线。我们能够看到的光线是电磁波中的一部分，而在日常生活中，这些电磁波会混合成一种"白光"照射在物体上。

事实上，如果没有这种"白光"，我们在现实生活中可能无法看到真实的颜色。比如演唱会上五颜六色的彩色光线可能会让我们辨别不出物体真实的颜色。

"白光"不是完全相同的。不同光源的光线，无论是温暖的火光还是明亮的阳光，都有明显的差异。因此，我们需要用一个概念来标定这些光线的冷暖，这个概念就是**色温**。

色温的单位是K（开尔文）。某一色温值的光线意味着，它与某个绝对黑体被加热到相应温度所形成的光线一致。色温值越低，颜色越温暖，色温值越高，颜色越冷。图5-9所示为常见的光源色温值。

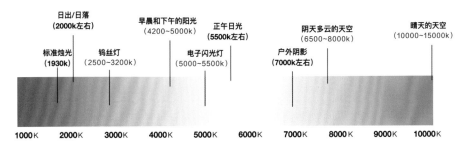

| | 日出/日落
(2000k左右) | 早晨和下午的阳光
(4200~5000k) | 正午日光
(5500k左右) | 阴天多云的天空
(6500~8000k) | 晴天的天空
(10000~15000k) |
| 标准烛光
(1930k) | 钨丝灯
(2500~3200k) | | 电子闪光灯
(5000~5500k) | 户外阴影
(7000k左右) | |

1000K 2000K 3000K 4000K 5000K 6000K 7000K 8000K 9000K 10000K

图5-9 常见的光源色温值

人眼在大部分情况下能够在不同的色温下快速、正确地识别出颜色。但是，摄影机必须通过对于"白光"的定义，才能够准确表现颜色。那么此时，告诉摄影机当下环境的色温就至关重要了。

摄影机的自动白平衡功能能够应付大部分情况，但是，我们偶尔也需要手动设置白平衡。例如在傍晚或阴天时，我们便可以通过设置适当的白平衡来得到我们想要的色彩效果。我们在设置白平衡时要遵循一个原则：当你想将画面变得更暖时，便要将色温值调整至比当前场景中光源的色温值高一些；反之，当你想将画面变得更冷时，便要将色温值调整至比光源的色温值低一些。

这个原则其实是我们在告诉摄影机，白光的色温值到底是多少。如果灯光的色温值是4000K，我们告诉摄影机现在白光的色温值是4000K，那么肉眼所见的灯光在画面中就会是白色的。如果我们告诉摄影机白光的色温值是5600K，那么灯光的色温值相较于我们设置的色温值就会偏低，我们就能得到暖白的画面效果；如果我们将摄影机的色温值设置为3200K，那么肉眼看上去温暖的光线，在摄影机中反而会变得清冷，因为该光线的色温值相较于我们设置的色温值偏高（图5-10）。

摄影机的色温值设置为3200k

摄影机的色温值设置为5600k

图5-10 不同的色温值下，同一场景呈现出不同的色调

白平衡功能需要配合灯光的设计使用,在第6章中我还会对实际使用中的灯光与摄影机的白平衡设置进行更详细的讲解。

◆ 感光度

感光度是一个非常传统的摄影参数,主要是用来表明传统摄影机中胶片感受光线的能力。感光度越高,胶片感受光线的能力便越强。在数字摄影时代,摄影机可以通过对图像传感器电子信号的放大调整感光度。

提高感光度,一方面会增加摄影机感受光线的能力,可以让我们在较差的光线条件下拍摄;另一方面,意味着画面中的噪点会急剧增加(图5-11)。

左: 感光度为ISO 100　　　　　　　右: 感光度为ISO 12800

图5-11 不同感光度下的噪点对比

噪点的增加会造成画面质量的下降,尤其是当摄影机通过算法抹除这些噪点时,画面的细节会变得不清晰。同时,调节感光度还会引起宽容度的变化。

因此,在可能的光照条件下,我们应尽量使用较低的感光度进行拍摄。如果某些摄影机有以原生感光度拍摄的功能,那么在拍摄时就尽量使用原生感光度拍摄。

设置完摄影机后,我们把目光转向另一个对拍摄具有决定性影响的部分——镜头。

5.3

认识镜头

镜头（图5-12）是摄影机成像的关键。光线经镜头的折射、汇聚，最终到达摄影机的感光元件上。那些美好的、搞笑的、惊人的、纤毫毕现的、模糊混乱的画面，无一不是透过这精妙的光学装置被记录下来的。

镜头的外观、重量各不相同，但是从光学结构上看它们都相当于凸透镜。凸透镜的作用是将大量的平行光线汇聚到一点。这样，摄影机可以接收大量的光线信息，满足拍摄时的曝光需求。同时，通过调整镜头的各项属性，我们还可以改变画面的成像范围和成像效果。

图5-12 镜头

◆ **焦距**

焦距是镜头最主要的参数之一，它是指透镜的光心到焦点的距离（图5-13）。拍摄时，如果被拍摄物体在无限远处，那么焦距就是镜头光心到感光元件的距离。

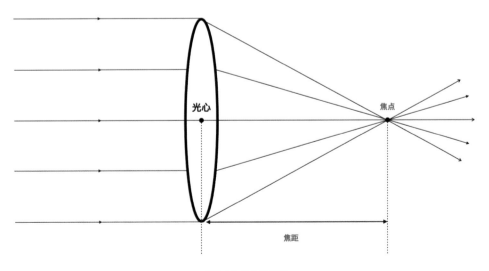

图5-13 镜头的焦距

感光元件尺寸不变的前提下，镜头焦距越长，视野范围便越小；反之，镜头焦距越短，视野范围越大（图5-14）。

在众多的镜头中，既有变焦镜头，也有定焦镜头。一般来说，定焦镜头的光学质量更好一些，但变焦镜头在日常使用中会更方便。

千万不要认为不同的镜头焦距仅仅意味着不同的视野范围，对比图5-15这一组用不同焦距的镜头在同一场景拍摄的照片，你有什么感受？

图5-14 同一位置下用16mm镜头（上）与200mm镜头（下）拍摄画面的视野范围对比

图5-15 用不同焦距的镜头拍摄的同一场景的照片，从左上到右下，镜头焦距不断增加

事实上，随着焦距的变化，画面中的空间关系也在发生改变。

在用短焦镜头（广角镜头）拍摄的画面中，前大后小的透视变化非常明显，因此物体在纵深方向上的距离感就会很强。这样的镜头特别适合表现前后运动时的速度感，也适合展现夸张的对比关系。有些超广角镜头甚至会让人的脸变形，靠近镜头的部分会变得更大，从而呈现出夸张、可爱的喜剧效果。

而在用长焦镜头拍摄的画面中，纵深方向的透视变化并不明显，因此画面中纵深方向的运动会变得很"慢"。相反，左右稍微运动就会呈现出夸张的速度感，这就好像你拿着望远镜观察四周，轻微的移动便会让画面中的景象变化很大。此外，用长焦镜头拍摄，可以让纵深方向两个距离较远的物体在画面中显得很近，以展现前后景的亲密关系。

◆ **光圈**

如果所有的光线都穿过镜头而不加限制，那我们就很难控制画面的最终效果。因此，镜头上有一种机械装置，可以用来控制进入镜头的光线量。这个装置被称为光孔（Aperture），俗称光圈（图5-16）。

首先，很遗憾地告诉大家，光圈的数值是镜头焦距和光孔径的比值，光孔缩小一半，光圈的数值会增大$\sqrt{2}$倍。图5-17所示是镜头光圈值与进光量的关系，每个挡位之间的进光量相差一倍。

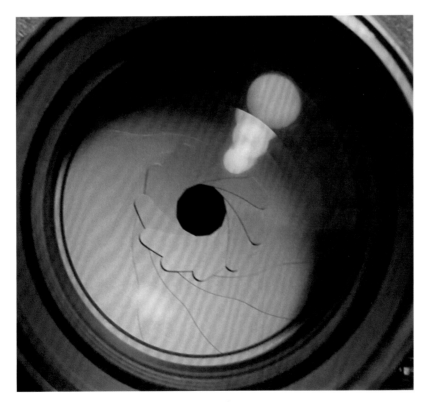

图5-16 光圈

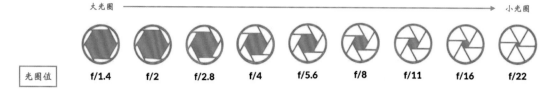

图5-17 镜头光圈值与进光量的关系

然后，我要高兴地告诉你，你并不需要进行具体的光圈值计算，只需要记住一个原则：**光圈的数值和实际的光圈大小是相反的**。例如，f/1.4和f/16相比，f/1.4对应的是大光圈，而f/16对应的是小光圈。

每个镜头都有它的最大光圈和最小光圈，一般来说，定焦镜头的最大光圈会更大一些。而大部分变焦镜头的最大光圈都不是恒定的。在不同的焦距下，变焦镜头有可能具有不同的最大光圈。例如18-200mm f/3.5-6.3这只镜头，在焦距为18mm时最大光圈值为f/3.5，而在200mm时最大光圈值为f/6.3。

光圈值除了与进光量有关，还能影响画面细节的清晰度。由于镜头的特性，过多或过少的光线进入镜头，都会导致画面细节受到干扰。因此，一般使用f/8的光圈值时，镜头的成像效果较好。

除此之外，光圈大小还与景深有关。

◆ **景深**

景深这个词，我们在日常生活中可能经常听到。在影视制作中，这个概念非常重要。为了了解景深，我们首先要明白一个原理：在拍摄的画面中，只有一个地方是绝对清晰的，那就是焦点所在的位置。

关于此原理这里不多做阐述。通过实践我们可以很明显地感知到，当通过对焦环对焦时，焦点会在画面的纵深方向上前后移动。同时我们也观察到一个事实：画面中并不只有焦点所在的位置是清晰的，焦点前后的一定范围内也是相对清晰的。画面中清晰的空间范围，便被称为"**景深**"（图5-18）。

一定的景深能使主体和背景分离，让我们聚焦于画面中的某个部分。而决定景深的因素主要有**焦距、物距，以及光圈的大小**。

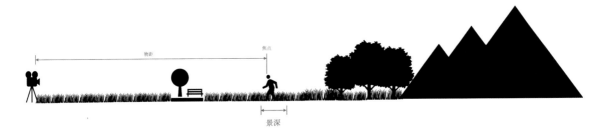

图5-18 景深

在相同的拍摄距离下,焦距越长,景深越浅。因此,利用长焦镜头会非常容易拍摄出背景虚化的效果。相对而言,利用广角镜头拍出同样的背景虚化效果就比较难(图5-19)。

图5-19 利用不同镜头拍摄的背景虚化效果对比(上方使用的是广角镜头,下方使用的是长焦镜头)

但是在同样的焦距下，焦点和景深也有很强的关联性。如果你观察手动对焦镜头的对焦标尺就会发现：对焦距离越近，标尺上的数字间距便会越大；而距离越远的时候，数字间距便越小。这便是焦点与景深关联性的直观表现。当焦点较近的时候，景深便会较浅（图5-20）；而焦点较远的时候，景深便会较深。因此，在拍摄小物体甚至进行微距拍摄时，我们很容易获得较浅的景深。我们有时候甚至需要通过一些手段让景深变得更深，才能让被摄物体清晰地呈现在画面中。

图5-20 近景时的景深

这种手段便是调节镜头光圈的大小。在大光圈下，景深会变浅；在小光圈下，景深会变深（图5-21）。通过光圈调整景深是我们在拍摄时常使用的办法。我们经常会使用大光圈、中长焦定焦镜头来拍摄人物，例如50mm f/1.2、85mm f/1.4这样的镜头常用来突出人物、虚化背景。

F/2　　　　　F/4　　　　　F/8　　　　　F/16

图5-21 光圈大小影响景深

但是另一方面，我们不能一味地追求浅景深，尤其是在动态影像中。浅景深会让对焦变得困难，画面有时候会变得非常"黏腻"，不够通透。适当地控制景深是我们拍摄出美好画面的重要条件。在本书的后续章节中，我们还会继续讨论景深的有关问题。

◆ 最近对焦距离

尽管我们可以通过手动对焦或自动对焦在纵深方向上选择画面的焦点,但并不能随意地调节焦点至任意位置。因为焦点的调节在最近处有一个极限,这个最近的距离被称为镜头的"**最近对焦距离**"。

很明显,当一个镜头的最近对焦距离非常小的时候,这个镜头便获得了较大的"**放大倍率**"。大部分时候,最近对焦距离越小的镜头,越能够清晰地呈现物体的细节。当镜头的放大倍率接近或者超过1∶1,也就是物体等大地呈现在感光元件上时,我们就称这种镜头为微距镜头。

拥有较小的最近对焦距离的镜头对我们的创作一定是更有利的,我们可以更自由地构图。但是要注意的是,变焦镜头的最近对焦距离并不会出现在每个焦段上,可能仅有一个焦段拥有较好的微距拍摄能力。我们在使用变焦镜头时一定要先做测试再进行拍摄。

充分了解了摄影机和镜头以后,我们需要通过手动控制,得到一个曝光正确的画面。

5.4

认识曝光

诚然,如今摄影机都可以进行自动曝光,并且越大众化的摄影机的自动化水平越高。正如我们常用的手机,都可以通过算法识别人物、动物等主体,也能根据场景的不同进行分区曝光或记录高动态影像。这些技术的发展让许多创作者越来越忽略曝光,他们似乎认为直接使用大部分摄影机的自动曝光系统就能拍摄到曝光合理的画面。

但是请看下面两个画面。

图5-22 院子里的猫

图5-23 夜晚的教堂

如果我们放任摄影机的自动曝光系统去进行曝光，那将会在图5-22的逆光条件下得到一个完全曝光不足的画面。因为摄影机会被阳光干扰，用平均算法压暗前景。如果说在这个场景中，摄影机可能可以使用点测光或AI动物识别的方式正确自动曝光，那么在图5-23所示的场景中，摄影机就真的无法正确自动曝光了。在这个场景中，我们需要将曝光值调得非常低，以展现神秘的光线和诡谲的气氛。我认为任何自动曝光系统都无法正确认识到这个场景中我们想表现的主体到底是什么。

更何况，在曝光过程中，我们需要调节景深、宽容度等一系列和曝光有关的参数，在动态平衡中达到最佳效果。因此，如何正确地理解曝光事实上是一个非常深刻的话题。

为了了解曝光，我们首先要知道曝光究竟是什么。

◆ 影响曝光的要素

曝光，是摄影机接收并记录光线的过程。

影响曝光的3个基本要素：**光圈、快门速度、感光度**。这3个要素在前文中有过介绍，它们分别影响着摄影机接收光线的量（光圈）、接收光线的时间（快门速度），以及感受光线的能力（感光度）。如果将它们之间的关系用图表示，我们会得到图5-24这样一个曝光三角。

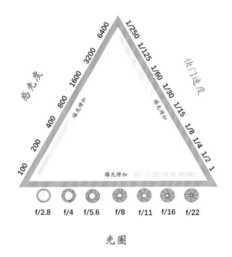

图5-24 曝光三角

◆ 控制曝光

首先我们需要明确一点：在这个世界上，并不存在所谓的"绝对正确的曝光"。曝光的标准永远是由创作者决定的。你想要画面更明亮或更阴沉，完全是你主观审美的结果，而非摄影机自动曝光的结果。

摄影机会根据18度灰原则，将主体或画面的平均亮度调整为入射率和反射率相同的18%中性灰。而这样的画面并不总是我们想要的。图5-22的场景在自动曝光下会变得更加灰暗，图5-23的场景在自动曝光下则会更亮，无法准确表现画面氛围。

控制曝光的基础在于拍摄场景的光照条件。很明显,当我们需要调整影响曝光的要素中的任何一个数值时,都会随之改变画面的曝光量。当增大光圈、降低快门速度、提高感光度时,画面会变得更亮;反之,缩小光圈、提高快门速度、降低感光度时,画面会变得更暗。

我们之所以需要控制曝光,是因为我们在增加或减少曝光量的同时,还需要兼顾很多画面要素。例如光圈的改变会影响景深,如果我们需要得到一个浅景深画面,就不得不增大光圈,此时画面整体的曝光量增加。为了保持原有的曝光量,我们就不得不提高快门速度或降低感光度。我们正是在这种微妙的平衡当中,不断地创造我们认为美妙的画面。

维持这种平衡的另外一点是要做取舍,并不是时时刻刻我们都能在合适的光照条件下进行拍摄。在晴朗的户外进行拍摄时,曝光量就会很大。此时我们如果想要保持较浅的景深,就不得不使用较大的光圈拍摄。但前文讲过,我们不能过度地提高快门速度,因此只能通过降低感光度来满足控制曝光的需求。但是,当感光度已经降到最低时,我们就不得不在景深、运动模糊效果和曝光之间做取舍。抑或我们可以使用ND滤镜来减少进入镜头的光线。但无论如何,我们在创作中需要保持这样的动态平衡,合理地掌握曝光与其影响要素之间的关系。

◆ 思考曝光

控制曝光不仅需要我们进行平衡、取舍,更多时候,我们还需要思考曝光和创作内容之间的关系。

大多数时候,我们主要考虑主体的曝光。在短视频节目中,通常主体就是我们拍摄的人物。一般在室内拍摄时,我们会设计相应的灯光,将主体和环境分离开,并对人物的脸部进行适当的曝光,突出拍摄的主体。

然而在一些情况下,曝光不仅仅是调整参数那么简单。我们需要让主体在适当的位置出现。这尤其发生在一些户外拍摄场景中,我们需要呈现主体的顺光或逆光效果,并通过压暗或过曝背景以突出主体。

摄影机的宽容度总是有限的,我们需要在有限的宽容度里尽可能精确地展现我们想要表达的内容。因此,如何将曝光控制好永远是我们在创作中需要不断思考的问题。

当能够非常熟练地拍摄曝光正常的画面时,我们就可以开始研究究竟要拍什么了。毕竟在任何时候,"拍什么"都是比"怎么拍"更重要的问题。

5.5

镜头语言

　　当确定了短视频节目的主题和内容,准备开始拍摄时,我们最先面临的问题还不是如何获得曝光正确的画面,而是应该把摄影机放在哪里。

　　面对一个场景、一个人物,我们或多或少都有这样的疑问:是应该拍近景还是拍全景? 机位的高度是多少? 也许你压根儿没有思考过这些问题,上来就是一顿操作,那么,你最终只能拍摄出一个并不吸引人的短视频节目。

　　事实上,在不同的节目内容里,我们需要展现不同大小、角度的主体。而这一切恰恰是因为我们要不断地通过屏幕这样一个二维平面去塑造三维空间。观众在观看时,通过摄影机展现的画面沉浸式地接收我们想传递的内容。如果我们只是让观众感觉在看幻灯片,那短视频节目可能无法吸引观众的注意力。同时,精确的镜头能够让观众更好地理解我们想传达的内容。当观众想要了解场景的时候,我们就给他足够的信息量;当观众要了解细节的时候,我们就把镜头精确地聚焦在某一个特别的物体上。

　　短视频节目的拍摄就是这样一个不断选择镜头的过程。而这一切的表达都会汇总为一种优美、精确、富有感情的内容,我们称之为 "**镜头语言**"。

　　镜头语言也被称为电影语言或视听语言,当然,后两者包含的内容更加广泛。在这里,我们只讨论电影语言中有关摄影和场面调度的部分。而要讨论镜头语言,我们需要明确一些基本的概念,包括景别、角度、焦距、构图。

◆ 景别

　　景别是一个非常基本的视听语言概念,主要用来形容画面所呈现的范围。

　　一般来说,我们可以以一个成年人作为参考来理解景别的概念。以图5-25为例,我们将景别划分为远景(大远景)、全景、中景(中近景)、近景、特写。

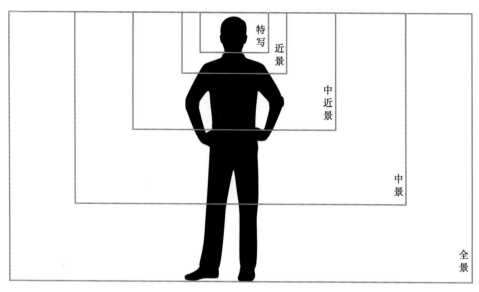

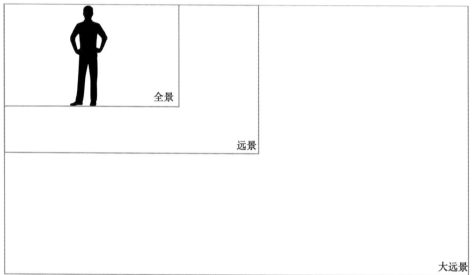

图5-25 不同的景别

远景：如果一个人物在画面中的占比不足1/2，那么这就是一个远景镜头。远景镜头多用来表现影片的时空环境、时代背景，或用来阐述人物与时空环境之间的关系。在电影中，远景镜头非常常见（图5-26）。它常出现在影片的开头或结尾，用来建立观众对于电影的时空环境的认知，或出现在重要的场景中以渲染气氛。远景镜头的出现会让观众感受到人物的渺小和环境的广阔，特别适用于展现人与环境之间的对抗关系。

在短视频节目中，远景镜头似乎并不常出现，因为景别的使用不仅和节目想要表达的内容相关，还与所用的介质相关。大部分短视频节目都会呈现在手机屏幕上，如果在手机屏幕上长时间出现一个渺小的人物，观众可能会感到迷茫。更何况，现在的短视频节目大部分时长很短。

而远景镜头由于展现的场景内容非常丰富，观众必须静心观察，才能感受到远景镜头的丰富细节。因此，在短视频中，通常只在航拍、旅拍或需要渲染场景气氛的情况下才会使用远景镜头。而且，大部分创作者会使用运动镜头来消解远景镜头带给观众的沉闷感。

图5-26 远景镜头（电影《极乐点》）

全景：如果人物大小与屏幕画框高度基本一致，那么这个镜头就是全景镜头。全景镜头能够更加具体地展现人物与周围环境的关系，以及人物的行动（图5-27）。全景镜头是我们常用的一种镜头，尤其是在展现人物的动作时。例如在一些探店节目中，我们需要用全景镜头展现主播与场景之间的关系，充分展示场景的特点。全景镜头也特别适合出现在竖屏拍摄的画面中，能够很好地展现人物的全貌。但是竖屏画面缺乏对环境的展现，因此我们可能需要专门拍摄一些镜头来补充展现环境。

图5-27 全景镜头（电影《极乐点》）

中景: 中景镜头（图5-28）通常展现人物的半身（大致从腰附近到头顶）。中景可以兼顾人物的动作和表情，同时可以展现人与人之间的关系。中景是一种在节目中常见的景别，无论是人物访谈，还是主播的自我阐述，中景镜头都能够让我们清晰地看到人物的神态及肢体动作。尽管中景镜头无法特别明确地展现周边环境，但是也会营造一些环境氛围，人物在这样的氛围中能够得到很好的展现。

在中景镜头里，人与人之间的关系会变得紧密而直接。双人访谈适合使用中景镜头展示。我们经常看到的双主播的视频节目，就是使用中景镜头来呈现的。除此之外，在中景镜头中，一些动作也会变得非常有力。相对于全景镜头的疏阔，中景镜头由于被人物填充得比较满，人物的动作会很明显，这就使中景镜头非常适合作为物品演示类或者拆箱节目的基础镜头使用。

图5-28 中景镜头（电影《极乐点》）

近景: 近景镜头（图5-29）一般展示人物胸部以上到头顶的范围，能够明确地展现人物的面部表情及语言，是展现单个人物的情绪和语言最好的镜头景别。事实上，近景镜头所展示的内容是在日常生活中很难体会到的。我们每个人都有社交舒适区，如果一个陌生人站得很近观察你，或者你近距离观察一个陌生人，被观察者都不是很舒服。但是亲密的人之间会以很近的距离观察对方，这就让近景这个景别具有很强的亲近感。在近景中，我们能观察到人物面部细微的表情，人物的语言也会变得掷地有声。

在短视频节目中，近景镜头常用于主播强调某些事件、感受。尤其是主播进行一些夸张的阐述时，摄像师会使用使镜头逐渐贴近主播的方法来改变画面景别，这种画面景别的变化会让观众产生一种贴近主播的心理感受。

图5-29 近景镜头

特写：特写镜头一般集中在人的面部取景，多用来强调人物的某个表情或动作。特写镜头在任何影片中都是非常重要的，但一定要谨慎使用。因为一旦使用了特写镜头，观众就会特别注意观察特写镜头所强调的动作、表情等细节，而这些细节一般都是节目中重要的转折或伏笔。

无论是美食节目中的制作步骤（图5-30），还是泛娱乐类短视频中的一个眼神，通过特写镜头，这些细节都会让观众过目不忘，成为节目中的亮点。特写镜头与手机屏幕的尺寸非常契合，我们可以通过特写镜头所形成的独特视角，让观众感受细节的精妙与美好。

图5-30 特写镜头

以上就是景别的定义和用法。景别的精确使用是我们向观众准确讲述内容的第一步。请注意，景别大多数情况下是以人的身体为参考标准的而非其他。

◆ 角度

镜头与主体之间的相对高度反映了我们观察主体的角度。我们在仰视一个人和俯视一个人时感受到的情绪是完全不同的。在一般意义上，除去身高、体型的差异，能够形成仰视或俯视的情况多源于特殊的地形，由此构成的画面又通常意味着人与人社会身份的差异：讲台上的老师与讲台下的学生、审判席上的法官与下方的犯人、舞台上的表演者和舞台下的观众……这些自然形成的仰视、俯视角度，恰好能够让人感受到观察角度的不同所带来的心理变化。

平视（图5-31）是一种常用的拍摄角度。我们只需要让摄影机与被拍摄者眼睛同高。有些时候，在比较大的景别里，仰拍、俯拍效果不是很明显，但是我们不能把相应画面视为是平视的。

图5-31 平视

仰拍（图5-32）能塑造人物的威严，让观众产生压迫感或恐惧感。仰拍镜头既可以塑造英雄人物，也可以塑造恐怖的角色。

俯拍（图5-33）可以纵览全局，让人物变得渺小，俯拍镜头可以通过人物和环境的结合营造人物的命运感。

图5-32 仰拍

图5-33 俯拍

鸟瞰（图5-34）镜头是一种特殊的俯拍视角，在鸟瞰镜头里，观众俯瞰世间万物，能够感受自然的美好与人类的渺小。鸟瞰镜头也会出现在美食或手工类节目中，尤其适合展现桌面的物品、食品或精妙的工作流程，会让画面充满秩序感。

图5-34 鸟瞰

◆ 再谈焦距

一般情况下，景别越大时，镜头焦距越短；景别越小时，镜头焦距越长（图5-35）。这符合我们一般的视觉体验。毕竟人眼的视野等于焦距为40～50mm镜头的取景范围。

图5-35 长焦距、小景别（上），短焦距、大景别（下）

然而有时景别和焦距的选择并不符合上述规律。例如我们也可以用广角镜头来拍摄近景，此时人物的五官会变得突出和夸张，人物和背景会显得非常疏离。这既可以表现人与环境的格格不入，又可以塑造人物的喜感（图5-36）。在短视频节目中，以这种方式制造搞笑效果的镜头屡见不鲜。

图5-36　广角近景

　　而全景也可以使用长焦镜头来拍摄。在长焦镜头里，景深会变浅，人物和背景的位置关系会不那么明显。这种方式特别适合用来抽象化人物所在的时空环境（图5-37），或者展现人与人之间的关系。

图5-37　长焦全景

从前文可知,焦距在视听语言里起着非常大的作用。并不是仅仅决定了画框的大小就可以直接拍摄了,我们还要考虑焦距的影响。请你在拍摄时千万别犯懒,拿起摄影机前后走动一下,先确定焦距以呈现最准确的透视关系,再找到最合适的景别,从而让观众更好地明白你想表达的重点是什么。

◆ 浅谈构图

构图是一系列镜头语言的统称,它既包含了前文提及的景别、角度、焦距,又包括了画面元素之间的位置关系。无论怎样,我们应该把握一个原则,也是构图真正的作用——**突出主体**。

我们经常说,摄影是减法的艺术。和在白纸上绘画不同,摄影是在大千世界中找到一个独特的视角来展现创作者观察到的事物。因此,在拿起摄影机的一瞬间,我们就需要先思考一个问题:我要表现的到底是什么?

我们要表现的可以是一个人物,可以是一个产品,也可以是一个场景……然后呢?人物的情感是怎样的?他会走动吗?他是看向镜头还是不看?他与周围环境的关系是什么?他与其他人又有什么关系?这一系列的问题都会影响我们对构图的抉择。

当然,我们可以学习一些构图的基本原则,例如通过改变整体布局来突出主体,通过调整比例关系来突出主体,通过反光面形成的镜像来突出主体……然而使用这些技巧的前提,是首先要思考清楚我们真正想要表达的到底是什么。如果我们只是学习了很多技巧,而没有弄清楚每一个镜头真正要表达什么,可能再多的技巧都不能拯救画面的空虚感。

以上就是镜头语言一个很小的层面的内容。通过这些内容,我们可以感受到镜头语言对于内容表达的强烈影响。在创作中,我们要不断地思考景别、角度、焦距、构图等基本问题,并不断地学习镜头语言的高级用法。事实上,从优秀的影视作品、短视频作品中吸收营养,是很好的提升自我的方法。而在掌握了基本的镜头语言以后,我们可能就要面临另一个问题:我们的镜头该如何运动起来呢?

5.6

镜头运动

运动在我们的日常生活中无处不在。事实上，人眼对于动起来的东西更加敏感，而运动镜头更符合人眼的观看习惯。毕竟，没有谁是眼睛一动不动地盯着一个地方去观察世界的。

我们迫切地想要让摄影机动起来，跟随人物，多维地展现产品，甚至通过摄影机的运动创造新的视觉奇观来吸引观众。

那么问题来了，镜头运动到底有多少种呢？

◆ 镜头运动的类型

了解镜头运动的第一步就是先对镜头运动进行分类。事实上，镜头运动分类的方法有很多，但是大部分传统的分类方法都不够科学。我从制作的角度出发，把镜头运动分为以下几种类型。

固定镜头：固定镜头也是一种镜头运动，只不过它是极为特殊的 "零运动"。

摇：摇是一种不改变摄影机位置，只改变摄影机角度的运动。普通的摇有两种形式：平摇（Pan）和上下摇（Tilt）。这就像你坐在原地，转动脖子或直接将眼珠转向某一个方位。除此以外，还有一种特殊的倾斜摇，是镜头的旋转运动。

轨道运动：轨道运动可以让摄影机在水平方位上实现推（前进）、拉（后退）、左、右移动。之所以将这一类镜头称为轨道运动，是因为传统意义上这样的镜头运动需要用轨道来辅助实现。轨道运动也比较符合人的视觉习惯，因为人在走动状态下的视觉体验可以通过轨道运动还原。

升降运动：升降运动是摄影机在垂直方向的运动，一般通过摇臂来实现。当然，也可以使用小轨道进行垂直升降。大规模的升降运动会塑造一种视觉奇观。在小型无人机普及的今天，使用无人机进行的升降运动更容易让影片的质量得到巨大提升。

变焦运动：变焦运动是一种特殊的镜头运动，如果前几种镜头运动都是为了符合人的视觉习惯，那么通过变焦运动得到的绝对是一种机械化的视觉效果。变焦运动是利用变焦镜头的光学特性，在拍摄过程中进行光学变焦，改变画面的景别。人眼无法还原这样的运动，因此变焦运动产生的 "推拉" 效果让观众一下子就能识别出这是通过在拍摄过程中进行变焦来实现的。毕竟，景别的变化并没有带来透视关系的改变，仅仅改变了视野范围。

这些镜头运动类型可以进行叠加组合，形成新的运动形式。例如著名的滑动变焦运动，就是组合使用轨道运动和变焦运动的结果。在短视频平台上，有不少创作者都是因为熟练地使用各种镜头运动而受到观众的追捧。

◆ 运动契机

认识了镜头运动的类型之后，我们似乎掌握了一些镜头运动的规律。但是我们在开始设计镜头运动之前首先要思考一个问题：为什么要让镜头运动？不动不可以吗？

事实上，只要思考清楚镜头运动的契机，我们在设计镜头运动时就会更加游刃有余，而且会很大程度地避免陷入为了使镜头运动而刻意运动镜头的窘境。

首先，镜头运动最简单的契机就是**模仿人的视点**。前文提到，人在观察世界的过程中不可能一直盯着一个角度、一个位置。为了能够更好地观察一个事物，人的双眼会跟随运动的物体移动，也会主动靠近某些物体或人。在这样的情况下，摇或者轨道运动都符合人的视觉经验。我们还经常通过一个人物近景与POV镜头的组合（图5-38），来表现这个人物看到了什么。

图5-38 人物近景（上）、POV镜头（下）（电影《惊魂记》）

更进一步，镜头运动可以主动地推动剧情发展和**转移戏剧重点**。例如，我们将镜头从一个事物移动到另一个事物，就是在告诉观众：我要开始讲另一件事了。同理，我们也可以在镜头运动中改变画面的构图与景别。例如我们逐渐地增大景别，从近景拉到全景，配合人物的表情变化，能够营造一种疏离感和孤独感。而如果反过来，从全景推到近景，我们就好像一步一步走入了人物的内心世界，能让人物的表演和阐述更加动人。

最后，镜头运动可以营造显著的**视觉奇观**。尤其是在当今摄影技术突飞猛进的时代，摄影机变得越来越小型化，出现了各种各样拥有稳定装置或电子稳定算法的摄影机，它们可以实现以往通过任何传统摄影机都很难做到的、匪夷所思的镜头运动。由此拍摄的画面在短视频节目中可以迅速吸引观众的目光。一些创作者会专门针对镜头运动内容开发一些新的玩法，吸引观众挑战与参与。例如有博主将运动摄影机装在动物身上，以动物的第一人称视角进行拍摄。也有博主通过FPV穿越机拍摄大量第一人称视角的飞翔镜头，令人看完大呼过瘾。

总之，在如今摄影设备不断小型化的背景下，充分利用镜头运动制作的视觉奇观吸引观众，不失为一种富有创造性和挑战性的选择。而为了实现以上我们谈到的种种镜头运动，除了手持摄影机的方式，我们还需要使用大量的摄影机运动辅助工具。

5.7

摄影机运动辅助工具

由于摄影机逐渐小型化，我们现在似乎非常习惯于手持摄影机进行拍摄。确实，手持拍摄为我们的拍摄带来了极大的便利。但手持拍摄对于镜头运动来说也有大量的弊端，其中最大的问题就是不能够进行稳定的线性运动。当所有的运动都充满了随机性、抖动以及具有非线性的运动速度时，观众就会瞬间意识到："哦，这是一个业余拍摄者手持摄影得到的。"

这是多么令人沮丧的事情，但其实我们有大量的方法可以避免这一情况，接下来我们就来了解一些常用的摄影机运动辅助工具。

◆ 三脚架和云台

在前文中我们就了解了三脚架（图5-39）的作用。三脚架这种传统的固定装置在今天有了很多新的变化。尤其是小型的桌面三脚架，非常易于携带和展开。

一般来说，三脚架只是给我们提供了一个固定的支撑。真正能让摄影机进行运动的是云台（图5-40）。

图5-39 三脚架

图5-40 云台

一般来说,云台能够进行垂直方向180°,水平方向360°的运动。通过改变摄影机的安装方向,使用云台还可以实现倾斜摇运动。

云台按机械原理划分,可以分为摩擦式、液压式、齿轮式、电动式等。常见的静态摄影多采用摩擦式球形云台固定,但是这种云台不适用于动态影像的拍摄。同时,价格较低的摩擦式云台无法调节阻尼,导致运动完全依靠手的运动,从而会出现运动不稳定的情况。

最常见的摄影云台是液压云台。液压云台可以提供多挡的阻尼调节,用来平衡摄影机的重量与手的运动。越重的摄影机需要体积越大的云台。通过调节阻尼,云台可以令摄影机的摇动变得均匀,让镜头运动变得平稳。

总体来说,三脚架是最常见的摄影机运动辅助工具之一,它可以承托包括云台在内的各种运动辅助器材。我们要根据不同的拍摄环境和高度及摄影机的重量,选择合适的三脚架。

◆ **稳定器**

在如今的摄影机运动辅助工具中,稳定器甚至比三脚架更流行。

稳定器强烈地契合短视频拍摄的特点——高效、多样,它能够实现以往需要多个传统设备才能达成的镜头运动。无论是三脚架、轨道还是摇臂,稳定器都可以代替。

稳定器分为机械稳定器和电子稳定器两种。机械稳定器也就是传统意义上的斯坦尼康(Steadycam,图5-41),利用配重和万向轴来平衡摄影机的运动。但是随着电子技术的发展,现在电子稳定器更加流行(图5-42)。

图5-41 斯坦尼康

图5-42 电子稳定器

　　电子稳定器通过内置的陀螺仪芯片和多轴电机来抵消手持拍摄时所产生的细微抖动,它的全锁定模式或跟随模式可以实现多种复杂的镜头运动。

　　稳定器虽然能简化我们实现镜头运动的过程,但过多的镜头运动又会让影片充满飘忽感。事实上,无论使用什么样的稳定器,我们都必须先想好需要实现何种镜头运动,让摄像机按照我们设想的起幅、落幅运动,这样才能让镜头运动变得精确而有意义。

◆ **桌面轨道**

　　轨道在影视制作中被广泛使用,但是在短视频视频拍摄过程中,大型轨道的使用是十分奢侈的。一方面,架设轨道需要大量的时间。另一方面,操作轨道需要更多的人手。这在单兵作战的短视频制作中着实成本较高。但是,我们对轨道运动的需求并没有因此减少。尽管稳定器在某些层面可以代替轨道,但是在近距离的轨道运动中,稳定器并不能保证在绝对水平的高度上移动,这会导致画面上下起伏。

　　因此,桌面轨道(图5-43)在短视频节目制作中就变得意义非凡。桌面轨道可以架设在桌面或者三脚架上,进行30~100cm的短距离运动。不要小看这个距离,对于大部分静物拍摄来说,在这个距离内完全可以呈现出明显的镜头运动。通过前景的遮挡,在这个距离内我们也可以拍摄人物近景的镜头运动。

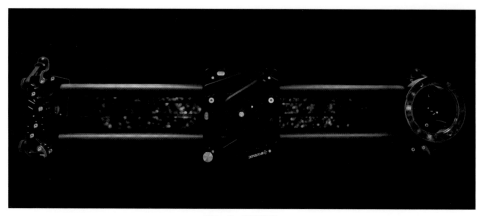

图5-43 桌面轨道

◆ 其他工具

摄影机运动辅助工具绝不限于专业的影视器材,事实上我们可以使用很多日常工具实现摄影机的运动。常见的是各种带轮的工具,例如三轮车、轮椅等。这些日常生活中能平稳运动的工具都可以帮我们实现摄影机的运动。

当然,想要获得更丰富的摄影角度,我们还可以用到小摇臂(图5-44)。这个工具和桌面轨道一样,只能承托小型的摄影机,但是在短视频节目制作中能非常便捷地实现室内的摄影机小范围运动,我们也可以通过它拍摄一些俯拍或顶视角度的镜头。

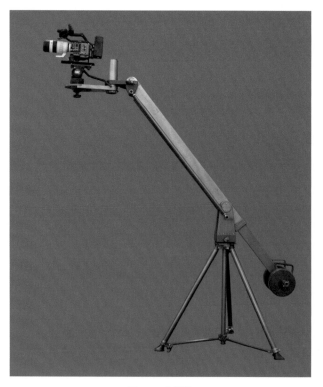

图5-44 小摇臂

当然，如果只是想获得一些简单的固定角度的画面，我们也可以通过顶拍支架（或魔术臂）来实现。

我们如果需要拍摄高速运动的画面，通常会使用汽车协助拍摄。请注意，**车拍是一件有危险性的操作**。请千万不要将车的后备厢打开直接坐在里面拍摄，已经有很多这样操作导致事故发生的案例。当我们需要车拍时，最简单的方法是使用专用的车拍吸盘固定小型运动摄影机（图5-45）。

图5-45 用车拍吸盘固定小型运动摄影机

使用车拍吸盘时一定注意检查其密封性，一旦密封性有问题就要更换，千万不能凑合使用。同时，一定要使用棘轮安全带固定摄影机，防止颠簸等情况造成摄影机脱落。拍摄时尽量选择车少的封闭路段进行，以免影响正常的交通运行。

同时，为了固定摄影机，大部分时候我们会为摄影机装上兔笼或者类似的套件。这样做的目的是在摄影机上增加多个可供安装的孔位，需要的时候我们可以以任意角度固定摄影机，还可以安装许多附件，增加摄影机的拓展性。

看到这里，相信你已经对拍摄有了更多的信心。你已经认识了各种摄影机的类型及它们的基本设置，了解了镜头的基本功能和基本属性，也掌握了基本的镜头语言。但是要想拍摄出有质感、与众不同的画面，我们还需要了解一个非常重要的内容，那就是光。

CHAPTER

06

要有光

我们之所以能看到世间万物，首先是因为光的存在，无论是自然光源还是人工光源（图6-1、图6-2）。其次是因为物体会反光，我们的视网膜接收到了物体反射的光。

很明显，拍摄的基础也是光。光表现着万物的轮廓、颜色、肌理，不同的光会让同一件事物表现出不同的形态。如果有很好的光照条件，我们几乎可以很顺利地拍出一个漂亮的画面，无论用什么样的摄影机。

因此，我们需要从头开始，认识光的一些重要属性。

图6-1 自然光源

图6-2 人工光源

6.1

光的基本属性

◆ 光的强度

人眼可见的光只是电磁波中很小的一部分，多种波长的电磁波混合成我们看到的"白光"。那么如何描述光的基本属性呢？

我们首先要知道光的强度。光的强度主要采用两个基本属性来表述——**光通量**和**光照度**。

光通量是指人眼所受到的光源的辐射功率，单位是流明（lm）。很明显，光通量越大，光源就越亮、越刺眼。

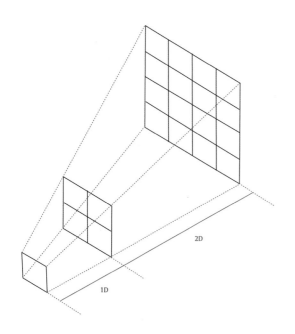

但是很明显，我们很少直接拍摄光源，我们拍摄的是被光源照射的物体。因此，我们更应该关心光照度。

光照度是指单位面积上所接收的可见光的光通量，它的单位是勒克斯（lx）。很明显，光照度和被照射的面积有极大关系。而光照度与光照距离的关系遵循反平方法则，即距离越远，光照度减少得越快（图6-3）。

反平方法则在日常生活和拍摄中给我们带来很大的启示。专业影视制作中总会使用上千瓦甚至上万瓦的照明工具（图6-4）。之所以使用功率如此巨大的照明工具，是因为我们需要将光源隐藏在画面之外。而当光源离主体越远时，光照度就降低得越快。

图6-3 反平方法则

图6-4 影视照明工具

因此我们在觉得手中的照明工具不够亮时，首先想到的可能不是再购买几盏灯，而是会想灯的位置是否合理，是否能够更靠近主体一些。也许把灯移近一些比增加照明工具的数量对于画面的影响要大得多。

◆ 光的软硬

观察图6-5和图6-6中打在人物脸上的灯光有什么区别。

图6-5 硬光

图6-6 柔光

　　这是通过不同方法由同一个光源打出来的两种光线。图6-5中充满了阴影, 明暗交界非常明显; 图6-6中的光影过渡非常柔和, 几乎看不到阴影。我们将图6-5中的光线称为**硬光**, 而将图6-6中的称为**柔光**。

图6-7 太阳

很明显，光的软硬和光源本身没有关系。那我们如何改变光的软硬呢？秘密就在光和主体的相对关系。理论上，如果想要画面中出现大量阴影，就必须制造大量的平行光。而为了制造平行光，光源就必须离主体足够远。

太阳就是一个非常硬的光源，它离我们非常远，而且足够亮（图6-7）。因此，晴天的阳光到达地面时几乎就等同于平行光。如果你尝试在正午的阳光下拍摄人像，那可能无法拍到很好的画面，因为阳光会在人物的脸上产生大量阴影，而且阴影会让人物看起来不自然。

图6-8 柔光布

那么如何让硬光变成柔光呢？答案就是让光变得不平行。光经过柔光材料时，会向各个方向折射或反射。这时，原本硬光下产生的阴影就会被各种折射或反射的光填满，明暗过渡就会变得柔和。

在影视制作中，我们会使用柔光布（图6-8）或者反光板（图6-9）让光变得柔和。当光被柔光布或反光板反射之后，光源的照射面积会变大很多，光的照射方向也会变得更随机。有些时候，我们还会通过释放烟雾让室内环境变得更加柔和。这些方法都是为了将平行光变得不平行，增加光的照射方向的随机性。但是请注意，由于获得柔光需要扩大光源的照射面积，光照度会迅速下降，由此我们通常需要更大功率的照明工具才能创造柔光。

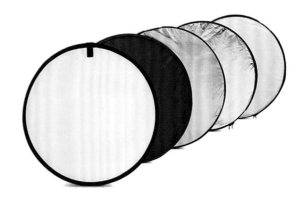

图6-9 反光板

◆ 光源的色温

在前文的"摄影机设置"一节中，我们已经了解了色温的概念。不同的光源有不同的色温，因此我们在拍摄时也要注意光源的色温。影视制作中常见的光源色温有两种：3200K的灯光色温和5600K的日光色温。

3200K的灯光色温通常等于钨丝灯（我们会在稍后介绍）的色温，钨丝灯所发出的暖色光线让人很容易联想到夜间的灯光。而5600K的日光色温基本等于晴天阳光的色温，这样的光常出现在白天。

图6-10中从左到右展示了从8000K的色温到2000K的色温下同一场景的不同效果。

我们经常使用不同色温的光源来塑造主光和环境光，以形成颜色上的对比。大部分时候，我们会使用低色温光源来照亮人物，而用高色温光源照亮背景。这样人物就会显得比较柔和，而环境会显得比较清冷。当然，这不是绝对的。任何色温的组合都是为了烘托画面气氛服务的。

如今大部分影视制作中都经常使用LED光源，LED光源的一大特点就是可调节色温。因此，我们在拍摄时一定要注意光源色温的设置。如果主光色温和摄影机的色温设置不匹配，很容易导致画面中的人物肤色不正常。

图6-10 不同色温下的同一场景

◆ 显色性

你是否发现过这样一个现象：我们的皮肤或者某个物体在阳光下显得颜色非常鲜明饱和，然而到了灯光下就会变得暗淡无光。这并不仅仅是阳光与灯光之间光照度的差异造成的。阳光中混合了全部的可见光，因此当它照射在物体上时，物体会反射出丰富的可见光信息。相较而言，很多人工光源都不能发出全部的可见光，因此在颜色的表现上或多或少会有欠缺。

我们通常用**显色指数**（CRI/Ra）评价光源的显色性。我们将太阳光的显色指数定为100，一般显色指数在90以上的光源就能够基本满足视频拍摄的需求，光源的显色指数过低会导致画面中颜色的缺失（图6-11）。

高显色指数的光源 　　　　　　　　　　低显色指数的光源

图6-11　不同显色指数光源下的同一场景

这里要特别说明，如果你选用的是LED灯，那么在多灯拍摄时，请尽可能选用同一个厂家的同一种型号的灯具来为主体打光。因为不同型号的LED灯之间尽管有接近的显色指数，但是它们对于某一种颜色的表现可能略有差别。这就导致有些灯具会让肤色看起来更红润，而有些灯具会让肤色看起来偏黄。如果用不同厂家的灯具放在人物两侧照明，很有可能使主体两侧的颜色看起来奇怪。

6.2

常用光源

电灯发明以后，人类在对人工光源改进的道路上不断前进。到现在，各种人工光源层出不穷，它们的特性和适用的场景也不尽相同。下面让我们来认识几种主流的人工光源吧！

◆ 钨丝灯

钨丝灯（图6-12）又叫白炽灯，它的发光原理是令电流通过一小段钨丝，钨丝发热到一定温度时就会发出温暖明亮的光线。钨丝灯是最传统、历史最悠久的灯泡之一，它的优点是显色性非常好，3200K的色温能很好地表现人物肤色。钨丝灯的发光原理是点亮发光金属，因此并不会出现其他人工光源出现的频闪问题。要知道，我们看到的大部分人工光源都在不停地闪烁，只不过它们闪烁的频率超过了人眼分辨闪烁的极限，使得这些人工光源看起来像是在稳定持续地发光。但是具有频闪问题的光源在摄影机下就会露出马脚。当摄影机的快门速度很高或者和光源的闪烁频率不匹配时，画面中就会出现明暗交替的闪烁条纹。

图6-12 钨丝灯

图6-13 保持安全距离

但是以钨丝灯作为光源没有这样的问题，因此我们几乎可以在任意快门速度下进行拍摄。这也使得在一些特殊的升格镜头或变速镜头中，常用钨丝灯对主体打光。

钨丝灯的缺点也是非常明显的，它最大的缺点就是光电转化效率较低。钨丝灯大概只能将10%的电能转化为光能，剩下的能量都以热量的形式散发出来。所以钨丝灯在使用时会非常热，千万不要直接用手去触摸灯体或者遮扉。同时，在使用柔光布或者其他控光附件时，一定要注意与钨丝灯保持安全距离（图6-13），因为钨丝灯散发的热量足以在短距离内隔空点燃这些附件，造成损失。

◆ 镝灯

图6-14 镝灯

镝灯（Hydrargyrum Medium-arc Iodide, HMI），是一种用高电流激发稀有金属气体发光的人工光源（图6-14）。它的光电转化效率要比钨丝灯高不少，相同功率的镝灯的光通量能达到钨丝灯的4倍左右。而且镝灯能发出5600K的亮光，很显然，这样的光与阳光相似。

图6-15 镇流器

镝灯需要配合镇流器（图6-15）一同使用，以保证电流和电压恒定。同时，镝灯需要在开启后等待灯泡中的稀有金属气体产生受热反应，因此它需要2~5分钟的预热时间才能发出亮度、色温稳定的光。在关闭镝灯以后，需要冷却至常温才能再次开启，这个过程通常也需要几分钟，因此镝灯不适合需要频繁开关灯以转移位置的拍摄情况。镝灯的显色性根据灯泡的质量和寿命也有一些区别，并不是所有镝灯都能很好地显色。在影视制作中，镝灯通常用于模拟太阳进行照明。在场景中使用一个大功率的镝灯，能够让拍摄在一个稳定的光照环境下进行。

◆ LED灯

LED灯（图6-16）又称发光二
极管,自20世纪90年代发明了蓝光
LED灯后,LED灯就逐渐成为一种被
广泛使用的人工光源。LED灯的优
势非常明显:轻便小巧、发光效率
高、发热量相对小、操作方便……
如今越来越多的影视制作中都有了
LED灯的身影。

图6-16 LED灯

LED灯相较于钨丝灯有极高的光电转化效率,光通量几乎等同于同样功率钨丝灯的5~10
倍。尽管如今LED灯的功率最高只有1200W左右,但是它的亮度几乎可以满足90%以上的制作
需求。而且,LED灯的造型多变,既可以充当点光源,又可以充当条状或平面光源,这让LED灯的
使用场景更加多样。LED灯发热量较小的特点使其可以使用更多的控光附件,使得在制作过程
中控光变得更容易。同时,LED灯的稳定性较好,日常使用过程中进行搬运和出现颠簸,都不会
影响它的使用效果。

但是LED灯至今还是有一些无法避免的缺点,除了无法达到非常大的功率以外,更大的
问题是LED灯的显色性。每个厂商对LED灯的调校不同,导致LED灯的显色性千差万别。所以建
议还是像前文提到的那样,尽量使用同一个厂商的同一型号的LED灯,让整体的色彩表现趋于
一致。

以上就是我们在制作中常用的光源。当然,例如荧光灯这种光源也会被偶尔使用,但已经
不是主流光源了。在制作中,即使同样的光源也有千差万别的形态。尤其是LED灯,它的易用性
使得它拥有千变万化的形态。同时,我们可以用各种附件改变光源的照明效果。

6.3

常用灯具和附件

图6-17所示的3盏灯看上去似乎外观差别很小,但其实它们采用了完全不同的光源。事实
上,我们在使用灯具时,除了要注意光源的类型,还要了解灯具的具体结构。不同结构的灯具适
用的制作场景也不尽相同。下面我们来看看这些灯具和附件都有什么具体的用法吧!

图6-17 安装了菲涅尔透镜的镝灯、钨丝灯和LED灯

◆ 点光源

点光源的基本形态是Par灯，也称开面灯（图6-18）。在这样的灯具中，光源直接裸露在外，通过遮扉或遮光罩，将光打向一个方向。

图6-18 Par灯

Par灯几乎无法控制光的照射角度，但它还是发展出了几种不同的形态。由于LED灯在使用时散发出的热量较低，因此一些LED Par灯前面设计了闪光灯常用的宝荣卡口，这种卡口适配多种控光附件，我们可以通过安装控光附件来灵活地调整光的照射角度或光的性质。而有些专业的镝灯（图6-19）摒弃了透镜，使用特殊造型的反光碗，通过调整灯泡的前后位置改变聚焦点来调整光的照射角度。

图6-19 ARRI M18 镝灯

当然，并不是所有灯具都能通过反光碗聚光，很多影视灯具采用了更有效且传统的聚光附件——菲涅尔透镜（图6-20）。

菲涅尔透镜是一种经典的光学透镜，起初用在灯塔上，它等效于一个凸透镜，能够将光源聚集在很小的范围里。通过菲涅尔透镜，我们可以将光源束缚在一定的角度内，并通过改变光源与菲涅尔透镜之间的位置关系，调整光的照射角度。这样我们可以把有限的光聚集起来，有效提高一定角度范围内的光照强度。

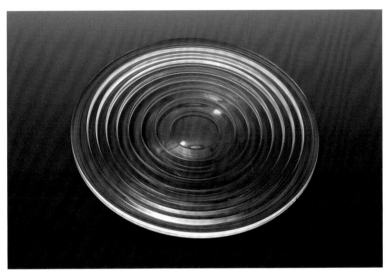

图6-20 菲涅尔透镜

◆ 平面光源

拍摄人物时，大部分情况下都用柔光作为人物的主光。除非是非常戏剧性或个性化的场景，否则谁也不希望人物脸上有过于明显的阴影。而且硬光会让人物皮肤上的瑕疵更加明显，因此我们或多或少都希望光线柔和一些。如前文所述，柔光需要我们扩大光源的照射面积，并让光尽可能呈现漫射的状态，平面光源便应运而生。

平面光源基本都是LED灯，也有少部分为荧光灯。LED灯通过合理的排布，非常适合充当平面光源。大部分LED面板灯（图6-21）会采用小灯珠串联的结构，少部分甚至会采用COB光源（一种采用LED芯片的高功率集成面光源）使光线更柔和。平面光源前一般会有一层柔光片，它能让光均匀地散射。有些平面光源甚至以牛津布为基底，可以进行一定程度的弯曲和折叠。

大面积的LED面板灯可以直接作为主光使用。但是要注意，有些LED面板灯的面积比较小，这种小型LED面板灯会产生很硬的光，需要将光进一步柔化后再使用。而小型LED面板灯作为硬光直接使用时，也会因为本身是由密集的点光源组成的，造成阴影部分产生奇怪的重影。因此，在使用这一类灯具时一定要充分了解其特点。

图6-21 LED面板灯

◆ 灯管

灯管（图6-22）最早以荧光灯作为光源。如今，大部分灯管都是用LED作为光源。灯管一般功率较低，且内置电池，因此可以在任意位置和角度使用，非常方便。灯管能够提供很好的柔光，并能向四周各个方向打光，因此它有很多种不同的用法。作为主光或者补光为人物照明时，灯管可以很好地匹配人体的高度。4个以上的灯管可以组成一个接近于平面光源的柔光光源。

除了用作人物面部光，灯管还可以作为环境的装饰光布置在室内各处。灯管的长度不等，尤其是小型灯管，容易悬挂或吸附在家具、布景之中。有些灯管还可以使用彩光模式渲染环境，更增强了环境的戏剧性。

图6-22 灯管

◆ 控光附件

图6-23 黑旗和白旗

俗话说，光不是打出来的，而是挡出来的。任何布光都不可能脱离控光附件用灯具单独实现。事实上，良好的布光一定是有区域、有层次的设计。我们在提亮人物的同时，还可以控制人物和背景的光比，以及人物各部分的光比。而这一切的基础，就是让光线落在我们想照射的区域内。

因此，人们设计了大量的控光附件，用来控制光线。常见的控光附件有黑旗和白旗（图6-23）、反光板。

这里的黑旗、白旗并不是迎风飘扬的旗帜，而是固定了黑布、白布的矩形金属框架，看上去像旗帜。固定了不透光的黑布的矩形金属框架，称为黑旗；固定了透光的白布的，称为白旗。黑旗、白旗可以用魔术腿（C形支架）固定，以遮挡或者柔化光线。我们也可以使用大型泡沫塑料板（米菠萝）来反射光线，也可以起到一定的柔化光线的作用。

图6-24 柔光箱

当然，这些附件主要常见于传统的影视制作，它们都有一个共同的缺点，就是使用它们需要一个附加的支架。在传统灯具上，灯头一般都会配有叫作遮扉的铁片，可以在一定程度上遮挡灯具发出的光线，稍稍控制光线的照射角度。而随着LED小型化灯具的普及，之前提到的宝荣卡口就开始大显神通了。

宝荣卡口可以固定很多带有龙骨的柔光箱（图6-24）。这些柔光箱的大小、形态各不相同，可以不同程度地柔化光线，并将光线限制在一个固定的范围内。如果需要更聚集的光线，我们还可以将蜂巢或格栅贴在柔光布前，进一步控制光线的散射。这样，我们便可以得到既柔化、又不影响环境光的主光。

柔光箱还可以完全展开，变成一个柔光球，为整个环境和背景提高光照度。在一些高调的场景中，柔光球可以同时照亮场景和人物。

除了柔光附件，宝荣卡口还可以搭配其他很多控光附件（图6-25），例如菲涅尔透镜和聚光筒透镜。尤其是后者，可以让光线完全平行地射出，呈现舞台光一样的效果。通过内部插片，聚光筒透镜还可以在环境中模拟各种影子，用来渲染气氛。

这样我们已经认识了各种基本的灯具和控光附件，接下来，我们将学习如何利用它们为人物和场景布光。

图6-25 各种宝荣卡口控光附件

6.4

人物基础布光

　　有这样一种说法，你爱的人在你眼中无时无刻不在发光。我相信，每个创作者都想让自己镜头中的人物神采奕奕。我们开始拍摄一个人物时，首先想到的就是让人物亮起来。然而用什么样的灯，将灯放在什么位置才能让镜头里的人物充满光彩呢? 这些问题我们需要细细思考。

◆ 选择一种影调

在为人物布光之前，我们首先要决定画面的影调。影调是画面中的明暗关系。简单来说，如果一个画面中有大量的阴影，我们就称这个画面是一个低调画面；反之，如果画面中几乎看不到阴影，我们就称这个画面为高调画面（图6-26）。

图6-26 高调画面（上）和低调画面（下）

选择画面的影调时,我们首先要考虑人物所在的空间。毕竟,如果四周都是黑色的墙壁,那你很难拍出高调画面。空间的面积也是影响影调的重要因素,如果在一个很小的空间里,灯光很容易把一切都照亮,不容易区分出人物和背景,也很难拍出低调的画面。

我们在布光时还应该考虑内容的表达。这是一个什么样的情景?人物有什么样的性格?我们想营造什么样的气氛?表达什么样的情绪?这些问题的答案都影响着我们对画面影调的选择。正确的影调可以极大地促进观众对人物的理解与认同。你很难想象人物在高调的场景中讲鬼故事,或在低调的画面中叙述一件高兴的事情。

影调选择好之后,我们就需要开始着手实现它。

◆ 主光

主光是塑造主体轮廓和形态的灯光。毋庸置疑,光线可以在很大程度上改变主体的轮廓和形态,如图6-27所示。

图6-27 不同角度灯光下的人物

在不同角度的灯光下，你是否感觉到了人物有完全不同的性格和样貌？很明显，如果像图6-27中最下面一排一样让光线从下方打到人脸上，人物就会呈现出非常恐怖的样子。这是由于在日常生活中几乎不会有光线从下往上打，因此在这样光线下的人物会显得诡异和恐怖。同样的道理，如果光线从正上方打下来，人物就会显得非常神秘。因为阴影会将眼睛彻底遮住，我们只能看到两个黑洞洞的眼眶。常见的光位名称及对应位置如图6-28所示。

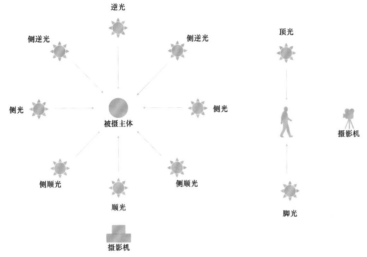

图6-28 常见的光位名称及对应位置

一般来说，主光会从人物一侧的斜上方打出，这样的光线会显得人物很自然（图6-29）。大部分时候主光都比较柔和，能让人物产生自然的明暗对比和过渡。通常我们会使用300W以上带有宝荣卡口的LED灯配合柔光箱作为人物的主光。当然，我们也可以使用钨丝灯或LED面板灯作为主光，只不过带有宝荣卡口的LED灯光配合附件操作更加方便。我们可以根据现场环境将主光调整为色温值为3200K的暖光，配合摄影机的色温设置，能够达到人物和背景有明显冷暖对比的效果。

图6-29 主光位于人物一侧的斜上方

除了从侧上方打出的主光，我们还可以从摄影机正上方用大面积的柔光作为主光。这样的光线可以让人物脸颊两侧和下巴产生阴影，显得人物脸部较瘦（图6-30）。如果是高调场景，我们一般会用点光源或者平面光源从高处照射下来，并将面积稍大的柔光布置于光源前柔化光线。如果是低调场景，我们可以使用美人碟（Beauty Dish）或者抛物线深口柔光罩，甚至可以加上蜂巢或者格栅，进一步聚集灯光（图6-31）。当然，我们也需要通过辅光来平衡主光产生的阴影。

图6-30　正上方的主光

图6-31　使用美人碟进行人物布光

　　注意，在白天拍摄时一定要考虑到阳光，因为它实在是太亮了。很少有人工光源可以与太阳抗衡，也没有这个必要。我们完全可以选用高度合适的阳光作为主光，但是要将柔光布放在阳光和被拍摄者之间，否则硬光会让人物脸部的光影对比过于明显。当然，阳光还有其他用法，比如作为轮廓光。

◆ 辅助光

　　辅助光也称辅光或补光，是为了平衡主光所产生的阴影的光。辅光不一定是一个自发光的光源。很多时候，我们会用反光板反射主光，来创造辅光（图6-32），因为主光和辅光大部分时候处于相对的位置。

图6-32 用反光板创造辅光

当然，我们也会用平面光源和灯管作为辅光，尤其是在人物移动的时候。我们在设置这些辅光时一定要注意，辅光的色温应和主光的色温一致。如果主光和辅光的色温不一样，很容易导致人物肤色看起来很脏，后期也很难调整。同时，我们要注意控制辅光和主光的光比。请注意，任何光线都不是越亮越好，如果人物脸上毫无光影对比，整张脸看起来就会很扁平。这样没有个性的脸会让人感觉千篇一律，毫无美感。

◆ 轮廓光

轮廓光是我非常喜欢的一种光线。有了轮廓光，一切人物都会看起来闪闪发光。轮廓光可以很好地将人物从背景中剥离出来，让人物在空间中更加立体。

不同轮廓光的形态有些许差别。轮廓光大致分为侧轮廓光和正轮廓光（图6-33）。大部分的轮廓光都与主光位置相对。也就是说，如果主光在人物的左前方，那么轮廓光就会安排在人物的右后方。

侧后方的轮廓光一般不宜太硬，因为硬光会在人物脸颊上形成强烈的阴影，会让人物，尤其是女性，显得过于严厉。我们应该在光源前加上柔光布进行柔化。

而正后方的轮廓光会显得画面更加具有戏剧性，它一般会架设在人物正后方偏上的位置，也可以直接放在人物正后方，用人物的身体将灯挡住，营造所谓"神明少女"的效果。这样的轮廓光一般都采用点光源，以人物的头发、衣物边缘都具有光感（图6-34）。

图6-33 侧轮廓光（左）和正轮廓光（右）

图6-34 放在地上的正后方的轮廓光和拍摄效果

图6-34 放在地上的正后方轮廓光和拍摄效果（续）

轮廓光的色温既可以和主光的色温一样，也可以更高或更低。一般来说，如果主光采用了5600K的色温，轮廓光可以采用3200K的色温，人物会显得更加生动。

◆ **环境光**

当我们通过主光、辅光、轮廓光把人物基本"勾勒"完毕后，就可以用灯光来照亮拍摄空间了。这些照亮拍摄空间的灯光称为环境光。图6-35所示为有环境光和无环境光的对比。

基础的环境光可以是均匀铺洒在拍摄空间内的光线，例如通过将聚光灯的灯光打在天花板上，借助其反射光提高拍摄空间的整体亮度。但是这样的方法太过粗糙，如果不是特别着急，我们还是应该构造有层次的环境光。

图6-35 有环境光（上）和无环境光（下）的对比

在低调的环境中尤其需要注意环境光的层次,灯光很容易经高亮物体反射到环境中,破坏画面的影调。这时我们可以采用黑卡纸、格栅等遮挡物,把光线约束在一定的区域内,保证不干扰其他环境及人物。

在设置环境光时,我们不必拘泥于使用影视灯光。事实上,很多道具灯都有着不错的表现,如果在背景中能够借助灯光设置一些高光点,会让画面看起来更活泼灵动。除此之外,很多LED灯都有RGB彩光模式,设置彩光可以让空间既显得神秘又极具特色,尤其是在一些科技类的新媒体节目中,合理使用彩光能让画面充满未来感。

◆ 平衡光比

在人物布光中,最重要的是平衡光比。由于摄影机的宽容度是有限的,因此在实际拍摄时,我们需要根据环境、影调的不同,让各种灯具输出适量的光。而这需要我们注重对生活的观察。

我们在布光时,在大部分情况下会遵循自然主义的布光原则,即所有的灯光都需要在现实生活中有参考,例如用道具灯模拟屋内灯光效果(图6-36)。在这个基础上,我们首先要考虑画面中那些不可改变的光线,例如阳光。阳光在很多时候是画面中最亮的光线,因此我们需要用其他人工光源平衡阳光带来的光比差异,尽可能地让画面在摄影机的宽容度之内。

我们在思考如何平衡光比时多少会被一些细节问题困扰,例如某些灯具应该放在什么位置。但是如果我们遵循自然主义的布光原则,这些问题都会迎刃而解。在为人物或场景布光时,我们千万不要用多种光源无尽地修饰和弥补照明上的漏洞,而是应该用更完整的光源去解决光线问题。如果你手头上的设备不足以用一种灯来解决一个光线问题,你就应该思考是不是应该换一个拍摄角度,或者换一个影调方案。

◆ 人物布光案例:伦勃朗布光

以人像拍摄中常见的伦勃朗布光为例(图6-37),这种三点布光的方式和画家伦勃朗·哈尔门松·凡·赖恩(Rembrandt Harmenszoon van Rijn)绘画中的人物布光一致,因此被称为"伦勃朗布光"。布光时将柔化的主光放置在画面左上方(人物右上方),营造左右脸的明暗对比,同时使人物左脸出现三角形高光(图6-38)。由于背景较暗,人物的头发与背景融在一起,所以

图6-36 道具灯模拟室内灯光（上）和拍摄效果（下）

在人物侧后方设置聚光灯照射人物，创造轮廓光，使人物与背景分离（图6-39）。此时人物左右脸的光影对比过于强烈，需要辅光来平衡主光造成的阴影，因此在阴影一侧增加一盏柔光灯，适当提亮阴影部分，控制整体光影对比（图6-40）。

图6-38 将柔光主光放置在人物右上方，使人物左脸出现三角高光

图6-37 典型的伦勃朗布光

图6-39 在人物侧后方设置聚光灯，创造轮廓光，使人物与背景分离

图6-40 在阴影一侧设置辅光，控制整体光影对比

最后，图6-41中展示了影视人物常见布光方式，供大家参考借鉴。

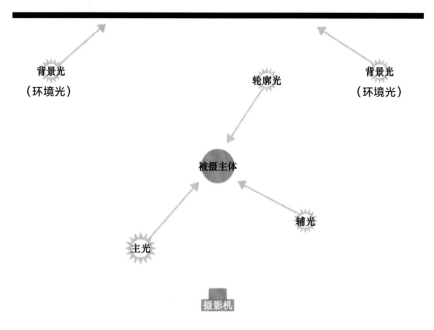

图6-41 影视人物常见布光

6.5

产品基础布光

产品展示是短视频节目中经常呈现的内容。无论是产品开箱还是美食展示，产品在灯光下可以充分地展现它们的质感。根据材料的不同，我们分别来看看针对不同产品应该如何布光，以使其能展现得更好。

◆ 反光产品

不少产品都由金属和玻璃这一类反光材料构成，展示这些产品时我们需要先思考构造什么样的影调。一般来说，黑色的物体在深色背景中更易展现出神秘感，而白色物体在明亮背景中更易展现出光洁感。

我们以黑色的长嘴咖啡壶为例。拍摄前先准备一张大的硫酸纸或者柔光布，长和宽都比产品多出30cm左右。把硫酸纸或柔光布垂直置于拍摄背景中，然后准备一张尺寸略大于产品的黑卡纸，粘贴在硫酸纸或柔光布的正中央（图6-42）。

图6-42 黑卡纸和柔光布

此时，我们用长焦镜头拍摄，黑卡纸恰好填充了整个背景（图6-43）。

图6-43 黑卡纸填充了整个画面的背景

我们准备一个光源（最好是平面光源），放在柔光布后1m左右的位置，让光线能够均匀地洒满柔光布（图6-44）。此时我们会看到在黑色背景中产品的轮廓被镶上了光边，产品的形态被直接凸显出来。同理，我们也可以用灯管或其他光源模拟这样的光位，为产品营造轮廓光。

图6-44 平面光源置于柔光布后

此时，我们可以给产品加入主光和辅光了。拍摄反光产品最重要的就是营造产品上的高光点。为了营造合理的高光点，我们需要特别注意产品的结构和外形。由于大部分反光面都是弧面，会产生类似凸面镜的效果，产品上出现的高光点会显得很小。因此，为了在物体上营造出大小合适的高光点，我们需要利用柔光布或者柔光纸、反光板等来扩大光源的面积（图6-45）。

图6-45 借助柔光布扩大光源的面积

同时，我们也可以使用比较硬的彩光，给产品的阴影处加上一些点缀（图6-46）。甚至还可以用手电筒或者聚光灯，给产品的Logo等重点部位补光。

图6-46 利用红光给产品加少许点缀

最后，记得在拍摄时，灯光、物体、摄影机三者中至少有一个要处于运动状态，否则拍摄出的画面会显得十分呆板。

◆ 透明产品

透明产品事实上也是反光产品，它基本遵守为反光产品布光的各种原则。不同的是，透明产品会透光，并且光线可以在其内部产生各种折射，让透明产品显得更加晶莹剔透。

我们以拍摄一瓶酒为例，依然可以使用柔光纸或柔光布作为背景，不同的是，我们需要使用一个聚光灯透过柔光布将光打在酒瓶上（图6-47）。此时，酒瓶几乎完全亮了起来，周围较厚的玻璃则呈现出阴影。

图6-47 柔光布作为背景，聚光灯从后方打光

我们通过改变聚光灯的位置与打光角度，可以调整酒瓶上光斑的位置和大小。一般来说，光斑居中最为合理（图6-48）。

图6-48 酒瓶上的光斑居中

此时，我们可以将两个较长的灯管或者两块较长的柔光布放在酒瓶的左右两侧，让酒瓶的侧面各产生一道高光，使酒瓶更有立体感；也可以通过喷壶往瓶身上喷一些水珠，显得瓶身更加通透清爽（图6-49）。

图6-49 高光让酒瓶更有立体感，水珠则令瓶身更加通透清爽

这样，我们通过合理的布光，既解决了背景照明的问题，又解决了瓶身反光的问题。我们在思考布光方案时，要用尽可能少的灯光来解决尽可能多的问题，这样才能让光线和产品之间的配合更加游刃有余，且在产品移动或镜头移动时，能让镜头与灯光更快地进行匹配。

◆ 食物

在探店、美食、生活类节目中，食物绝对是主角。拍摄食物时，正确地布光能让食物的色、香、味呼之欲出。而我想告诉大家，拍摄食物时最好的布光方法其实是充分利用阳光。

事实上，在小成本的短视频节目拍摄中，人工光源或多或少都不够高级，而且显色性不足。

这个问题在拍摄其他产品时可能还不是很明显，但是拍摄食物时，显色性不足的问题往往是致命的。因此，拍摄食物时应尽可能地接近窗口，将摄影机放在正对窗户的位置上，让阳光逆向洒在食物上（图6-50）。这样的光线会让大部分食物都看起来非常可口。

当然，如果我们有一些显色性好的灯具，把拍摄角度设置正确，也能用逆光凸显食物的质感（图6-51）。利用透镜聚光灯的插片可以控制逆光的区域，让光线形成一个条形，增强食物和周围环境的对比。当然，我们也可以利用聚光灯加黑旗或者黑卡纸获得同样的效果，同时，利用反光板为食物的正面补一些柔光，让食物的正面不至于过暗。

图6-50 利用阳光拍摄食物

图6-51 利用逆光凸显食物的质感

拍摄食物时我们还需要注意搭配合适的小道具。有时候，小道具能让我们拍摄的食物层次更丰富，比如用一些粉末和脆片作为装饰，能让食物看起来更加高级（图6-52）。要记得，千万不要往盘子里放太多的食物，注意留白。

图6-52 利用麦穗和麦片装饰面包

6.6

一些小技巧

◆ 制造烟雾

在刚刚的产品展示基础布光中，我们提到了为酒瓶喷喷水或者为食物搭配小道具，这都是拍摄中的一些小技巧。事实上，运用光线本身的特性，我们可以营造很多独有的气氛。

制造烟雾其实是一个很不错的主意。不知道你是否注意观察过，电影中的很多场景都有不少烟雾。当光线穿过烟雾时会因为丁达尔效应而产生光柱，这些光柱让光线在画面中有了体积感，丰富了画面。同时，烟雾中的颗粒使光线散射，从而让画面的对比度变低。这样的低对比度画面让更多的光线被纳入摄影机的动态范围之内，让光线过渡更加柔和。

我们在拍摄时可以利用烟饼或者烟雾机（图6-53）来制造烟雾。

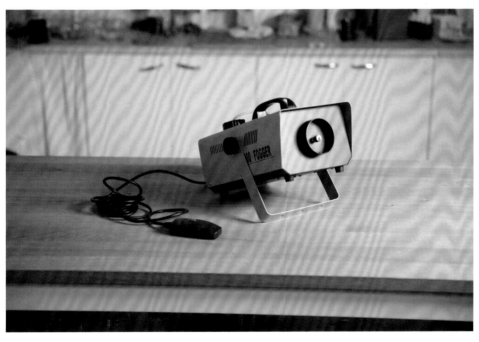

图6-53 烟雾机

◆ 利用影子和光斑

有时，利用影子和光斑也是一个不错的选择。我们可以利用锡箔纸或者彩色玻璃纸在背景中制造一些光斑，甚至有时候可以使用迪斯科舞厅的光球。这些反光效果让背景充满了灵动感，是给一些单调的背景快速增加层次的好方法。同样，我们可以使用透镜成像灯，借助各种阴影插片在背景中形成生动的光影层次（图6-54）。

将光源直接呈现在画面中也是一个不错的选择。在讲述环境光时我们提到，道具灯的使用能让背景中出现高光点，尤其是当景深较浅、背景较为虚化时，光源会在虚化的背景中形成漂亮的光斑。当然，如果聚光灯拥有不错的外形，直接把聚光灯放在背景中当作一个置景道具，也是一个很好的方案。

图6-54 透镜成像灯及其使用效果

07

节目声音制作

在制作Vlog的过程中，我们已经学习了有关声音的一些基本知识，但是对于短视频节目来说，仅拥有这些知识是不够的。短视频节目的声音来源更加多样，声音元素也更加丰富。在短视频节目制作中，我们可能会面临各种各样的场景，使用不同的录音设备。接下来我们就一起来看看，进阶的声音制作包含哪些流程。

7.1

收音设备

工欲善其事，必先利其器。我们在拍摄质量要求较高的节目时，不能再使用摄影机的内置麦克风来录制声音了，因为内置麦克风的缺点是显而易见的：容易受到摄影机操作的干扰、受接收距离的限制、容易受到环境音的影响等。因此，我们需要采用更加专业的收音设备。

◆ 无线麦克风

前文我们简要了解了无线麦克风。同样，在短视频节目的制作中，无线麦克风也是非常重要的收音设备。无论是内景拍摄还是外景拍摄，无线麦克风都有不可替代的作用。尤其无线麦克风可以贴近人物，在以台词为主的节目中能够非常好地收录人声。

在使用中，我们要特别注意无线麦克风的指向性。很多人在佩戴无线麦克风时，觉得其离人物嘴部已经比较近了，忽略了要将无线麦克风对着嘴巴，导致录制出来的声音非常闷。

同时，佩戴无线麦克风时注意不要与衣服发生摩擦。因为在人物活动的过程中，无线麦克风很容易与其附近的衣领或衣服的其他部位发生摩擦而产生噪声。因此，我们在佩戴无线麦克风时，要注意固定牢，避免无线麦克风与衣服发生摩擦（图7-1）。

图7-1 正确佩戴的无线麦克风

使用无线麦克风收音的另一个常见问题就是信号干扰。现在的无线麦克风常用2.4GHz的无线信号进行传输，但是这个频率的无线信号受干扰情况非常严重，经常会有路由器等其他电子产品的信号对其干扰，导致无线麦克风的音频传输中断。因此，我们需要采用更好的双模无线麦克风。有些无线麦克风，例如RODE公司的Wireless Go II型号内置了发射端录制功能，一旦出现信号丢失，我们可以导出发射端的数字音频文件，避免无可挽回的录制事故。同时，我们在制作节目时应注意监听，一旦出现信号干扰，应该尽量切换频率，防止音频传输中断。

◆ 桌面麦克风

在固定场景的节目中，桌面麦克风（图7-2）具有拾取人声的优势。如今，大部分桌面麦克风都为电容式麦克风，这种类型的麦克风灵敏度高，动态范围广。除了不能录制大声压的内容（例如爆炸声）外，用电容麦克风录制人声可谓最佳选择。

桌面麦克风的指向性不强，大多数情况下放在距离人物较近的地方即可录制清晰的人声。而如果不想让麦克风在镜头内出现，更好的选择是使用枪型麦克风。

图7-2 桌面麦克风

◆ 枪型麦克风

枪型麦克风（图7-3）拥有更好的指向性，因此可置于画面外进行录音。一般来说，我们会用魔术腿或者其他支架将麦克风固定在人物的斜上方，将麦克风正对着人物嘴巴进行录音。尽管枪型麦克风拥有良好的指向性，但为了避免环境音的干扰，在不穿帮的情况下，我们还是应该让枪型麦克风距离人物越近越好。

图7-3 枪型麦克风

　　除了录制人物对白,枪型麦克风还是录制脚步声等活动音效的好工具。我们在节目中经常会演示各种操作,尤其是在开箱或者美食类节目中,丰富的活动音效是渲染气氛的利器。

◆ 其他麦克风

　　在节目中,环境音有时也很重要,尤其是在旅拍类节目中。大量的航拍镜头和车拍镜头事实上是没有声音的,航拍器也不能录制声音。此时我们可以采用专门的球形立体声麦克风(图7-4)来拾取环境音。这种麦克风能够拾取超广范围内的声音,让你的视频节目一下子就充满了各种丰富的声音元素,从而让观众身临其境。但是这种麦克风的适用场景比较少,除非你是对声音录制要求较高的创作者,否则选择适合节目制作场景的麦克风进行收音就可以了。

图7-4 球形立体声麦克风及配套录音机

7.2

同期收音

了解了收音设备以后,我们就要开始收音了。在节目的同期收音过程中需要注意的要点如下。

◆ 单录音和双录音系统

大部分时候,我们可以通过摄影机直接收音。大部分摄影机都有外接的麦克风接口,这类接口一般分为两种——3.5mm接口和XLR接口。

在小型摄影机,例如数码相机上,3.5mm接口非常常见,大部分有线麦克风和无线麦克风的接收端都可以通过此接口与摄影机直接连接。但是请注意,一些电容麦克风需要单独的供电系统,3.5mm接口不能满足这样的要求。

XLR接口又称卡侬接口,是一种自锁三芯接口。这样的接口可以满足麦克风的供电需求,因此可以连接更专业的摄影机和需要单独供电的电容麦克风,例如某些枪型麦克风。但是使用时一定要注意将摄影机中的48V幻象电源(Phantom Power)打开。

有时我们不仅需要使用摄影机收音,还需要录音机。因为一些拍摄位置和摄影机自身的问题,摄影机并不能很好地和麦克风连接。还有一些情况下,我们需要对声音做双备份,防止出现录音故障。此时,我们就可以采用录音机加摄影机的组合来收音。在后期制作时,再把录音机中的音轨与画面结合在一起。

当然,声音与画面的同步是一件比较烦琐的事情。传统上,我们可以使用场记板来同步声音和画面。具体方法如下:场记板落下的瞬间会产生一个清脆的响声,此时摄影机应该拍到打板的瞬间,音轨上会记录一个声音的峰值波形;在后期制作时,我们只需要把这个峰值波形和画面中的打板瞬间对在一起即可保持声音和画面的同步。如果是更大的制作,我们可以使用时码同步器来同步多个摄影机和录音机的时间码,后期制作时便可以自动同步声音和画面。

◆ 声音强度

一般的摄影机上都有一个指示声音音量大小的装置，叫作峰值表。峰值表上的刻度显示了输入摄影机的声音强度，单位是dB（这里的dB并不是声音分贝的大小）。一般来说，最大值为0dB，这意味着一旦声音强度超过0dB，收录的声音就会"爆"掉。

在录制声音时，我们经常会遇到一些巨大的声音，例如爆笑声、关门声、撞击声等，这些声音会在录制中变为爆音。因此，我们需要给这些巨大的声音一个冗余空间。在录制时，我们会将人声控制在−18dB～−12dB。这样如果一旦出现巨大的声音，我们就可以通过预留的冗余空间来录制。当然，我们也不能让声音太小，否则声音会和底噪混合在一起变得模糊不清。

有些无线麦克风或桌面麦克风可以在机身上直接调节自身输出的声音强度。我们此时应该注意，麦克风的输出信号和摄影机的输入信号应该保持在一个相同的范围内。有时我们可能只看到了摄影机的输入信号，且它在一个合理范围内，但这时麦克风输出的音量早已经超过了信号极限，出现了爆音。我们需要时时刻刻监听，既要控制无线麦克风接收端的输出的声音强度，也要控制摄影机输入的声音强度。

◆ 指向性

在介绍麦克风时我曾提到麦克风的指向性，这是麦克风收音性能的一个重要影响因素，也是我们在不同场合使用不同类型麦克风的依据。如果将麦克风的指向性用鸟瞰平面图来表示，那么麦克风的指向大致可以分为心形指向、超心形指向、全指向、枪形指向、双指向等类型（图7-5）。

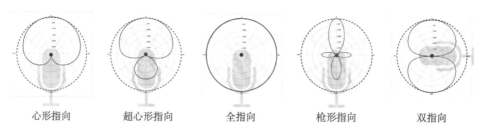

图7-5 麦克风的指向

一般同期收音时，为了避免周围环境音的影响，创作者会采用心形指向或者超心形指向麦克风收录现场的声音。我们需要将麦克风对准发声物体，以得到最好的声音收录效果。如果录制时麦克风不能对准发声物体，那么收录的声音很有可能会模糊不清。

◆ 避免噪声

收音时，很多情况下我们都会收录到一些我们不想要的声音，这些声音统称为噪声。

噪声可以分为多种类型，典型的就是风噪。这是由于风直接吹进麦克风，在其内部形成强烈的气压差，导致麦克风拾取到噪声。解决风噪的根本方法是避免在有明显气流的环境中收音。在无法避免的情况下，可以在室内采用海绵防风罩或在户外采用网笼防风罩对麦克风进行保护（图7-6）。在户外巨风天气下，我们甚至可以使用防风毛衣对麦克风进行保护。

图7-6 使用防风罩

除了大风天气，人物说话造成的喷口也会形成风噪。因此麦克风要尽量放在不正对人物说话气流的位置上，这也是一般同期收音时，麦克风会被架在高处的原因之一（图7-7）。

图7-7 吊麦

噪声的另一个来源是摩擦或震动。无论是麦克风支架还是手持麦克风，摩擦或震动的声音都会通过麦克风的外壳传递到内部，而通过固体传递的声音理论上会比在空气中传递的更清晰。因此在录音时，我们在任何情况下都尽可能不要移动和碰触麦克风。当需要手持麦克风录制时，我们应该使用减震支架（图7-8），以尽可能减少摩擦或手部的其他运动对麦克风收音产生的影响。

图7-8 减震支架

除了以上外界因素外，收音过程中，麦克风内部的电流也会对收音效果产生影响。因为麦克风从原理上是通过将声音信号转换为电信号来收录声音的。因此，电信号交换和传输的过程也会对收音效果产生一些影响，其中典型的就是由于磁场干扰而产生的电流底噪。为了解决这一问题，我们需要检查麦克风的连接线是否是质量较好的音频连接线（图7-9），并尝试清洁音频接口。事实上，很多原厂配备的音频连接线并不是最好的，更换音频连接线可能会带来更好的收音效果。

图7-9 音频链接线

当然，还有大量的噪声来自拍摄环境，例如空调的声音、街道上的各种声音，这些声音过大也会影响我们对人物声音的识别。但有时，来自环境中的其他声音会在视频中增强观众对环境的感知。同时，由于我们录制的每个镜头都有不同的底噪，在剪辑时容易产生镜头之间的跳跃感。因此我们需要一个完整的环境声让每个场景更完整。拍摄时对每个场景都录制环境音，这样在剪辑时就可以用于同一场景不同镜头之间的衔接与过渡。

◆ **环境声的影响**

很多时候，我们听到一个声音就会知道这个声音的录制地点在哪里。在一个空旷的大厅里和一个狭小的卧室里一定会录制出完全不同的声音效果，原因在于不同的环境具有不同的环境声学特征。

事实上，当我们在一个环境中说话时，麦克风所收录到的声音是由不同来源的声音组合而成的，其中包括人物讲话的**直达声**，声音接触墙面等环境中的物体后反射形成的**离散反射声**，以及无法具体分辨但是会填充整个空间的**混响声**。这些声音的不同组合会让我们感受到不同的环境风格。

我们收音时希望尽量减少环境中其他声音对人物声音的影响，这时可以利用声学毯来减少环境中的离散反射声和混响声。我们也可以在环境中增加吸音材料，例如柔软的毯子、纺织品等，这样也可以减小环境声音的影响。

7.3

后期录音

在节目制作中，我们不仅需要在前期拍摄时收音，在后期制作阶段同样需要录音，以丰富节目的内容。相对于同期收音，后期录音的环境更舒适，但是同样具有挑战。

◆ **画外音录制**

画外音是短视频节目的重要内容，动人的画外音会让节目内容更吸引人。还记得《舌尖上的中国》当中李立宏老师的画外音吗？声音一出来就让人食欲大振。在短视频节目中也有大量不露脸的博主，他们仅凭有特点的声音就俘获了一大批观众。

诚然,我们可以直接用手机录制画外音。况且现在很多手机的麦克风具备一定的降噪和人声激励的功能,可以让录制的声音足够清晰。但是如果你想让自己的声音更饱满,还是需要一个声音响应范围更宽广的电容麦克风来录制画外音。

在录制画外音时,尤其要注意避免环境音的影响。我们首先要找到一个相对安静的环境,同时可以使用隔音棉或声学毯创造一个离散反射声和混响声较少的小型录音环境(图7-10),这样的环境会让录制出来的画外音更干净。当然,我们要特别注意录音时的监听,因为有时麦克风会比耳朵更加敏感,从而录制到我们听不到的噪声。

最后我们还需要特别注意录制画外音时的感情。在面对麦克风的时候,我们很难有像前期拍摄时一样的语气和感情。也许我们觉得自己的感情已经很充沛了,但是录制出来的画外音还是像没睡醒一样。这时,我们需要调动自己所有的情绪,甚至可以一边看着影片一边录制画外音。这样,我们就能得到情绪饱满、引人入胜的画外音。

图7-10 小型录音环境

◆ 拟音录制

后期录音的另一个重要部分是拟音(Foley)录制。事实上,电影中大部分的音效都是后期拟音的结果。无论是脚步声、人物的运动声,还是一些环境中的音效,很多都并非来自同期收音。由于同期收音时很难控制声音环境,我们需要在后期制作中特别加强某些声音,来达到声音设计的目的。不信你可以留意听,电影中几乎只有主要角色才会有脚步声。

对于短视频节目,拟音工作主要是针对大量的运动音效而做的。例如在开箱视频、美食节目、萌宠类视频当中,很多音效都是需要加强的。我们可以在后期利用枪式麦克风单独录制这些音效,然后在剪辑时加在相应的动作上。录制声音时请注意一定要配合画面,这样比较好掌握声音出现的时机和声音的总长度。

CHAPTER

08

剪辑进阶和节目包装

8.1

Premiere的基本操作

在本书的第2章，我们学习了如何利用剪映制作简单的Vlog，想必大家已经初步感受到了剪辑的乐趣。接下来让我们向专业非线性剪辑软件进阶，学习使用Adobe Premiere Pro（后简称Premiere）制作短视频节目。本书案例使用的是Premiere22.0.0版本。

◆ 新建工程文件

每制作一个新的视频，我们都需要新建一个工程文件，严谨地为其命名，并将其另存为在相应的"工程文件"文件夹中，这将便于我们后续高效地管理、查找和修改工程文件。

新建项目（图8-1）：

❶ 单击启动界面中的【新建项目】。

❷ 在【名称】处为项目命名，在【位置】处选择项目的储存位置，单击【确定】（图8-1）。

项目建立之后，我们每次只要双击该工程文件或在启动界面中单击相应文件便可将其打开。

图8-1 新建项目

◆ 界面

　　Premiere的界面主要由【项目栏】【控制区】【节目监视器】【时间线】【工具栏】等面板组成（图8-2）。我们可以对工作界面中的所有面板进行拖曳边缘、移动标签、浮动窗口等操作，按照自己的剪辑习惯调整工作界面中的面板，也可在【窗口】中保存或重置工作界面的布局。Premiere中设有【学习】【编辑】【颜色】【效果】【音频】等工作区，我们主要在【编辑】工作区进行剪辑工作。当我们需要制作效果、进行调色或调整音频时，也可以转到相应的工作区完成具体工作。下面就让我们一起来认识Premiere的主要面板与功能。

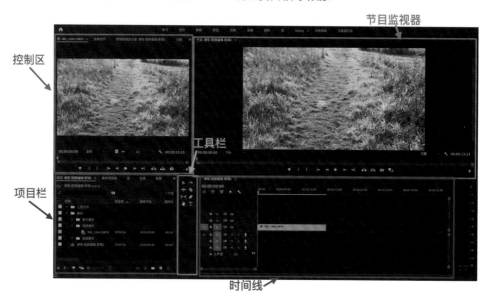

图8-2 Premiere界面

　　项目栏：首先让我们一起来认识一下【项目栏】，其主要功能是进行素材的管理。我们可以在此导入、查找、整理素材，并可以通过【列表视图】和【图标视图】分别查看素材的信息和缩略图。【列表视图】会按列显示每个项目的信息，如帧速率、媒体时长等。我们可以在此新建【素材箱】，对导入的素材和新建的序列进行进一步的整理。除了进行素材管理，我们还可以在【效果】中应用丰富的视频、音频效果与转场效果，在【历史记录】中返回到某一步操作等。大家可以将【项目栏】想象成一个管理库，在其中我们能找到需要的素材、信息、效果和历史记录等。

　　控制区：【控制区】中常用的两个面板是【源监视器】和【效果控件】。双击【项目栏】中的素材，便可通过【源监视器】来预览素材，利用播放控件或空格键来播放和暂停进行剪辑预览，或拖动【源监视器】下方的蓝色时间线指针可快速浏览素材的特定部分。通过单击【入点标记】和【出点标记】按钮，我们可以截取素材中的特定部分，将其直接拖入【时间线】，或利用【覆盖】和【插入】功能，将截取的素材覆盖于或插入到特定位置。【效果控件】面板主要在添加不同效果时使用，在这里我们可以完成缩放、位移和改变透明度等操作，并可通过添加关键帧实现相应的运动和变化效果等。

　　节目监视器：【节目监视器】会在剪辑操作中与我们长期做伴，主要用于播放序列，预览视频效果。【节目监视器】与【时间线】的播放是同步的。如果你的电脑连接了两个显示器，还可通过浮动窗口和分屏操作，将【节目监视器】转移到另一个显示器中，这样就能为【时间线】留有更大的操作空间。

时间线：【时间线】是我们进行素材编辑的主要工作区域，我们会在此完成素材的剪接、序列的添加、特效的应用、轨道的调整等具体剪辑操作。【时间线】主要由【视频轨道】和【音频轨道】构成，轨道可添加和删除，轨道顺序也可调整。我们可以通过移动【时间线】底部的滑块或利用键盘上的【+】与【-】键对预览长度进行调整。【时间线】以"帧"为最小时间单位，我们可以通过移动时间线指针的位置或利用键盘上的左、右方向键定位具体的剪辑点。

工具栏：【工具栏】中包括剪辑常用的一些工具，如【选择工具】【轨道选择工具】【编辑工具】【剃刀工具】【滑动工具】【图形工具】等。熟练使用这些工具可以辅助我们高效地进行剪辑工作。若【工具栏】中工具图标的右下角存在白色箭头，单击该工具图标，可显示该工具图标下隐藏的其他工具。

◆ 素材导入和整理

上文提到，我们主要在【项目栏】中进行素材的导入与管理。在进行剪辑之前，我们首先需要将剪辑所需的素材导入【项目栏】，再对其进行整理，以方便之后我们可以快速地浏览、查找和使用相应的素材。在这里，我们可以通过多种方式导入素材和浏览素材。在导入素材之前，我建议大家提前将素材分门别类地进行归档与命名，直接以文件夹的形式进行导入比较利于后续的素材整理和查找。

导入素材：

方法一：将素材或文件夹直接拖入【项目栏】。

方法二：在【项目栏】中双击，选择需导入的素材。

方法三：单击【文件】→【导入】，选择需导入的素材。

方法四：使用快捷键【Ctrl+I】或【Command+I】，选择需导入的素材。

在素材导入完成后，我们可以依照自己的偏好在【项目栏】中选择【列表视图】【图标视图】【自由变换视图】来查看素材（图8-3）。在【列表视图】状态下，Premiere会分门别类地列出素材的元数据信息供我们参考。在相关元数据标签上单击右键，选择【元数据显示】，可以自定义此处显示的元数据信息。如果我们已对素材命名，可以在【搜索栏】中输入素材名找到对应的素材。当然，我们还可以进一步在【项目栏】中通过【新建素材箱】进行素材的整理。在素材上单击右键，选择【标签】，便可为素材添加不同颜色的标签，就能对素材进行管理和区分。

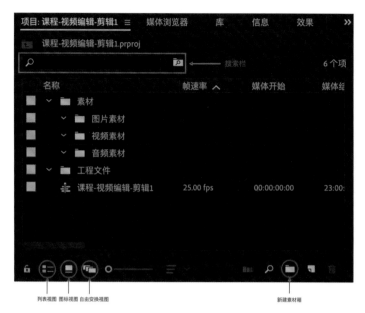

图8-3 【项目栏】的素材管理

◆ 新建序列

新建一个项目后我们会发现,【时间线】中空空如也,那是因为我们没有新建序列。在Premiere中正式开启剪辑工作是从建立序列开始的,每一个项目中都可以建立一个或多个序列。我们可以分别在每个序列中完成不同视频段落的剪辑,最后将其合并,也可以仅建立一个序列,直接剪辑完整的视频。

序列的建立是视频剪辑的开端和基础,我们一定要仔细地对各项参数进行设置和核对,才能够保障后续的剪辑工作不出问题。如果是第一次建立序列,我们可按照视频发布的需求自定义序列设置。序列设置一般会同摄影机拍摄时的参数设置保持一致,即与素材保持一致。因此,在大多数情况下,大家在进行序列设置时可以参考第5章中介绍的摄影机设置进行序列设置。

新建序列:

方法一: 单击【文件】→【新建】→【序列】。

方法二: 单击【项目栏】中的【新建项】(图8-4),选择【序列】。

方法三: 使用快捷键【Ctrl+N】(macOS系统为【Command+N】)。

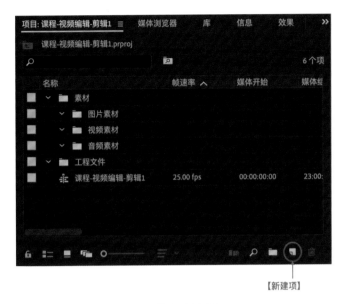

【新建项】

图8-4 单击【新建项】

　　【新建序列】窗口被打开后，在【序列名称】处完成序列的命名，单击【设置】即可进入序列设置界面（图8-5）。在【编辑模式】中选择【自定义】，我们便可在此对序列的各项参数做出准确而灵活的设置。这里我向大家介绍较为通用的参数，但仍建议大家提前在准备发布视频的平台查看平台公布的相关要求，以确保大家制作的视频符合视频平台的上传要求。接下来我们就来看看序列设置的相关知识点与推荐的参数设定。

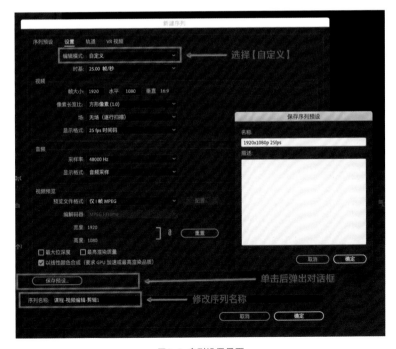

图8-5 序列设置界面

时基： 即帧速率。前文曾介绍过，视频实际上是由连续播放的静态图片组成的，视频中的一帧就是一张图片，而帧速率通俗地讲就是一秒内连续播放的图片的数量。理论上，一秒内播放的图片数量越多，帧速率就越高，那么视频就会更流畅。但帧速率达到一定程度，肉眼其实就很难察觉其中的差别了。若无特殊需求，建议大家在进行摄影机设置、序列设置和视频导出设置时，针对我国的标准视频制式（PAL制式），将帧速率统一设置为25帧/秒或50帧/秒。若视频需要在其他国家和地区的视频平台中播出，则视频创作者需要依照该平台的视频上传标准设定帧速率。

帧大小： 即分辨率，在第5章中谈到过，分辨率决定着视频的清晰度与横纵比。目前各大视频平台常用的分辨率为1920像素x1080像素的全高清（Full HD）视频，尽管3840像素x2160像素的超高清（4k）视频已逐渐普及，1080P全高清视频仍然为视频平台的主流选择，也是我推荐的一种设置。我们可以拍摄4K甚至8K的画面，在后期剪辑时选取画面中的一部分进行裁剪来灵活地运用素材。在这种情况下，我们一般仍然会以1920像素x1080像素为基准设置帧大小，在后续导入分辨率更高的素材时，进行匹配或剪裁即可。

场： 即显示器扫描方式。【逐行扫描】常被用在计算机显示器上，每一帧图像由电子束按顺序一行接着一行连续扫描而成。【隔行扫描】则常用于老式电视机，将每一帧图像通过两场扫描完成，一场只扫描奇数行（依次扫描第1、3、5……行），另一场只扫描偶数行（依次扫描第2、4、6……行）。如先扫描奇数行，即为【上场优先】，反之则为【下场优先】。现今我们使用的显示设备基本都采用逐行扫描模式，所以在进行视频导出时，我们将【场】中的扫描方式设置为【逐行扫描】即可。

采样率： 音频采样的原理较为复杂，通俗地讲，在音频中对声波进行采样时，每一次采样都会记录并生成"样本"，用以描述一段声波。而每秒采样的数目即为音频的采样率，采样率决定着声音采集的质量。我们一般可以这样理解，采样率越高，声音采集的质量可能就越高。在序列设置时，一般我们默认设置为【48000Hz】即可。

显示格式： 默认设置为【音频采样】即可。

以上便是我们需要了解到的一些重要的参数设置，其他设置一般保持默认设置即可。在设置完成后，我们只要单击【保存预设】将我们自定义的设置进行保存，便可直接选择使用，无须每次都重新进行设置了。在弹出来的【保存序列预设】窗口中单击【确定】后，序列即新建完毕，【时间线】中则会出现轨道，我们便可将素材拉入时间线，开始编辑工作了！

8.2

从粗剪到精剪

视频剪辑总体分为粗剪与精剪两个阶段。在粗剪阶段，我们会大致确立视频的逻辑与基本架构，粗略地完成视频的剪辑。而在精剪阶段，我们则需要精细地调整细节，对视频的各个方面进行润色，使其成为一个完整的视频作品。

◆ 粗剪流程

在粗剪阶段，我们最重要的任务是确立视频基本的剪辑逻辑和框架，剪辑出一个大致连贯的视频。

初步把握素材：前文提到过，在拍摄之后、开始剪辑之前，我们需要对素材进行初步的把握和筛选。也许前期我们会拍摄很多素材，但最后纳入剪辑流程并在成片中出现的片段其实只是所有素材的一部分。我们需要将拍摄的所有素材都浏览一遍，大致把握拍摄的主要内容和剪辑的方向。接下来我们需要在其中初筛出可能会使用的一部分素材。

确立基本剪辑思路：有经验的短视频创作者在拍摄前会习惯对拍摄内容有个大致的策划并制作脚本，在这种情况下剪辑师按照策划的主题和形式与脚本的内容进行剪辑即可。当然，还有很多人更倾向于随机拍摄生活片段，并将这些片段剪辑成反映一段时间生活的Vlog。针对这种情况，我建议剪辑师在对拍摄的素材有所把握的基础上，为Vlog确立一个大致的主题，并据此建立叙事逻辑。如若我们的任务是完成一个微电影的剪辑，那么剪辑师便要认真研究剧本、分镜，并与导演进行充分沟通。剪辑师需要理清故事逻辑，建立大致的剪辑思路，并参考分镜，对所拍摄的素材进行筛选比较，选择最合适的镜头。

编辑素材：一旦我们确立了短视频的主题和叙事逻辑，我们便可有的放矢地对素材进行进一步的编辑。我们将素材按照计划和叙事逻辑依次放进【时间线】，将素材连贯地衔接起来，再适当调整素材顺序即可。

◆ 粗剪工具

接下来我们就开始学习如何在Premiere中进行视频的粗剪。在粗剪阶段，我们可以利用【源监视器】对素材做初步的截取，再将其添加到【时间线】中。这样做的好处是可以条理清晰地将我们想要的素材片段放置在【时间线】中，并能快速地建立大致的剪辑逻辑。我们可以将添加到【时间线】中的素材片段称为"剪辑"，并可以利用各种剪辑工具对剪辑进行调整。

在源监视器中截取素材片段（图8-6）

❶ 双击【项目栏】中的素材，素材便会在【源监视器】中播放。

❷ 利用【源监视器】中的【入点标记】（单击【 { 】图标或使用快捷键【I】）与【出点标记】（单击【 } 】图标或使用快捷键【O】），截取所需的部分。

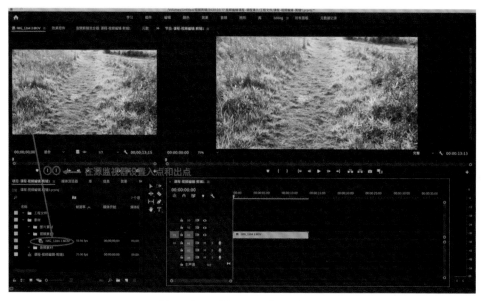

图8-6 在【源监视器】中截取素材片段

将素材添加到时间线：

❶ 将鼠标指针置于【项目栏】中相应的素材片段上。

❷ 按住鼠标左键将素材片段拖动到【时间线】中的相应位置（图8-7）。

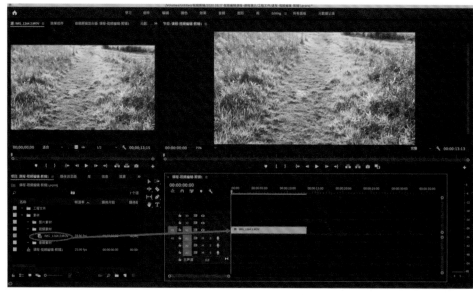

图8-7 将素材添加到【时间线】

当然，我们也可以单独将素材的视频或音频添加到【时间线】中，进行独立的剪辑处理。

仅拖动视频到时间线：

❶ 单击【源监视器】下方的【仅拖动视频】(图8-8)。

❷ 按住鼠标左键，将视频拖放到【时间线】中的相应位置。

仅拖动音频到时间线：

❶ 单击【源监视器】下方的【仅拖动音频】(图8-8)。

❷ 按住鼠标左键，将音频拖放到【时间线】中的相应位置。

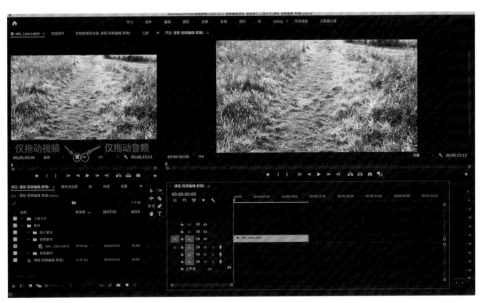

图8-8 仅拖动视频或音频到【时间线】

我们还可以利用【源监视器】中的【插入】与【覆盖】工具，进一步完成粗剪工作。比如当我们想在【时间线】已有的剪辑之间插入一段新的素材，或用其他素材覆盖掉某一段剪辑时，可以利用【插入】与【覆盖】工具高效地完成。

利用【插入】(图8-9)工具或快捷键【,】，我们可将在【源监视器】中截取的素材插入到【时间线】中时间线指针所在位置之后，也可以利用这种方式在两段剪辑之间插入新的素材，还可以在某个剪辑中间加入一段新的内容（可以理解成时间线上已有的剪辑被切开，将新素材插在中间）。

插入素材：

❶ 将时间线指针移至相应位置。

❷ 单击【插入】或使用快捷键【,】。

图8-9 【插入】工具、【覆盖】工具、【提升】工具和【提取】工具

利用【覆盖】(图8-9)工具或快捷键【.】,我们可以用在【源监视器】中截取的素材覆盖【时间线】中时间线指针所在位置之后的剪辑(可以理解成原来的剪辑的一部分被替换为新的剪辑)。

覆盖剪辑:

❶ 将时间线指针移至相应位置。

❷ 单击【覆盖】或使用快捷键【.】。

我们通过【源监视器】中的工具将素材添加到【时间线】中之后,还可以利用【提升】与【提取】工具(图8-9)对【时间线】中的剪辑进行进一步的调整。

【提升】工具可以将我们在【时间线】中用【入点标记】与【出点标记】截取的一段剪辑删除。与【提升】工具不同的是,【提取】工具不仅能够删除这段剪辑,还能够直接填补剪辑间的缝隙。

提升剪辑:

❶ 使用【入点标记】(单击【{】或使用快捷键【I】)与【出点标记】(单击【}】或使用快捷键【O】),截取所需的部分。

❷ 单击【提升】(图8-9)或使用快捷键【;】,选中的剪辑即被删除。

提取剪辑:

❶ 使用【入点标记】(单击 { 或使用快捷键【I】)与【出点标记】(单击【}】或使用快捷键【O】),截取所需的部分。

❷ 单击【提取】(图8-9)或使用快捷键【'】。

在粗剪阶段,我们只要将素材通过以上方式逐一按照剪辑顺序码在【时间线】中即可,当需要的素材都被放置在【时间线】中后,我们可以在【时间线】中调整剪辑的顺序,粗剪工作便大致完成了。

移动剪辑:在剪辑过程中,我们常需要改变剪辑在【时间线】中的位置或剪辑间的顺序,以更好地建立剪辑逻辑。直接用鼠标指针拖动即可改变剪辑在【时间线】中的位置,若该位置已存在剪辑,被移动的剪辑会默认覆盖相同长度的原有剪辑。如果在按住【Control】键(macOS系统为【Command】键)的同时拖动剪辑,可以将剪辑插入新位置,该位置后原有的剪辑将自动向右推移。

◆ 精剪工具

在粗剪阶段我们已经完成了素材的提取与排列,而在精剪阶段,我们主要利用【工具栏】中的剪辑工具,搭配鼠标指针的拖曳,以及快捷键的灵活使用,对【时间线】中的剪辑进行更加精细的调整工作。充分了解不同的剪辑方式与剪辑工具,熟练地掌握剪辑方法,并能够利用快捷键完成各个工具间的切换,是提升剪辑效率的关键。

剪辑的基本操作

剪辑的基本操作包括**插入与覆盖、提升与提取、拖曳边缘、轨道覆盖**以及基于【工具栏】中的工具进行常规剪辑。我们已经在粗剪流程中学会了**插入与覆盖**和**提升与提取**等操作,下面让我们来学习精剪流程中常用的剪辑操作。

拖曳边缘:我们可以直接拖曳剪辑的左右边缘来修剪剪辑。将鼠标指针放置在剪辑的左右边缘时,鼠标指针会显示为左、右箭头,此时可以分别向左和向右拖曳,剪辑的长度便会发生改变。值得注意的是,由于剪辑本身长度有限,剪辑边缘的拖曳自然也是有上限的。若剪辑一头出现白色三角,说明该剪辑已拖曳到头了。

轨道覆盖:Premiere会优先显示最上方轨道的剪辑,这意味着有时我们无须剪切掉剪辑,直接在上一层轨道的相应位置放置新的剪辑,即可完成覆盖。若轨道已满,将剪辑直接拖曳到轨道上方的空白处即可在【时间线】中添加轨道。虽然用轨道进行覆盖的操作十分便利,但一味地在多个轨道中堆砌剪辑其实并不是好的剪辑习惯。毕竟轨道多和剪辑排列不规律都可能降低后续的剪辑效率,甚至导致剪辑错误。建议大家合理安排每个轨道的剪辑,让不同的轨道各司其职。音频轨道同样按照视频轨道的序号对应进行音频剪辑。如需背景音乐,可将音乐素材置于最下方的轨道上。这样条理清晰地利用轨道区分不同的素材元素,能使我们在剪辑时思路更为顺畅。

基于工具栏中的工具进行常规剪辑

常规剪辑的根基就是【工具栏】中的工具(图8-10)。其中较为常用的组合是【剃刀工具】【选择工具】与【Backspace】(Windows系统)/【Delete】(macOS系统)。只要大家熟练使用这套组合,基本的剪辑任务就不在话下。

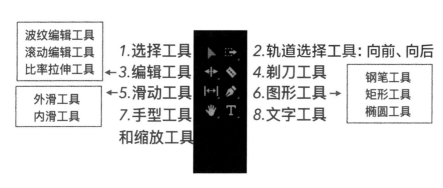

图8-10 【工具栏】中的工具

剃刀工具: 大家可以把【剃刀工具】想象成生活中我们常用的剪刀, 当我们单击【剃刀工具】(或使用快捷键【C】)时, 鼠标指针便会变成一个小剃刀(图8-11), 我们在【时间线】中的某一帧剪辑上单击, 剪辑上就会出现切割的印记, 这意味着剪辑在此处被剪切开来, 剪切点左右两边都变成了独立的剪辑。

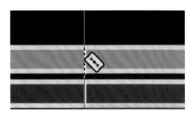

图8-11 使用【剃刀工具】时鼠标指针的状态

选择工具: 当我们需要选中某个剪辑时, 单击【选择工具】(或使用快捷键【V】), 便会切换到选择模式, 此时我们只要单击某段剪辑, 该段剪辑就会被选中。【选择工具】大概是Premiere中我们最离不开的一个工具了, 毕竟【工具栏】中包括【剃刀工具】在内的很多工具都需要与【选择工具】搭配使用才有意义。如果我们需对某段剪辑进行处理或添加效果, 我们往往需要先利用【选择工具】选中该段剪辑。若我们需要同时选中多段剪辑, 在按住【Shift】键的同时单击多段剪辑即可。如果需要将选择的剪辑集中在一起, 直接用鼠标指针框选就可达成目的。

上面提到, 灵活地利用并切换工具栏中的【剃刀工具】(快捷键【C】)、【选择工具】(快捷键【V】)与键盘上的【Backspace】/【Delete】键进行剪辑是Premiere中基本却十分高效的剪辑操作。大家有必要牢记这些快捷键, 以熟练地进行操作。

利用【剃刀工具】添加剪辑点:

❶ 将时间线指针精确地放置在需要添加剪切点的一帧。

❷ 切换到【剃刀工具】, 在剪辑点上单击。

❸ 切换到【选择工具】, 选中需要删除的剪辑, 按【Backspace】/【Delete】键删除。

删除剪辑间的空隙:

选中空隙, 按【Backspace】/【Delete】键删除。

删除剪辑后不留空隙:

选中剪辑并按快捷键【Shift+Delete】(Windows系统) 或 【Shift+fn+Delete】(macOS系统)。

除了常用的【选择工具】,【工具栏】中还有【轨道向前选择工具】和【轨道向后选择工具】(图8-12), 可用于一次性选择多个连续的剪辑。当【时间线】中的剪辑较多, 需要将某一大段剪辑整体进行调整时, 这两个工具可以帮助我们极为高效且准确地完成选中剪辑的操作。

轨道向前选择工具:

使用【轨道向前选择工具】可选中鼠标指针单击处之后的所有剪辑。

轨道向后选择工具:

使用【轨道向后选择工具】可选中鼠标指针单击处之前的所有剪辑。

 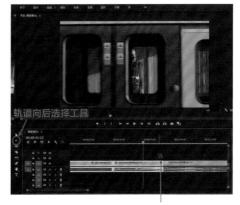

轨道向前选择工具　　　　　　　　　　　轨道向后选择工具

单击处之后的所有剪辑被选中　　　　　　　单击处之前的所有剪辑被选中

图8-12 【轨道向前选择工具】与【轨道向后选择工具】

调整剪辑的速度或持续时间

在视频剪辑中，我们常需要调整剪辑的速度或持续时间以更好地形成画面节奏，或与音乐更融洽地结合。调整剪辑的速度或持续时间的方法主要有3种：第一种是利用【速度/持续时间】命令精确地调整剪辑的速度持续时间；第二种则是使用【工具栏】中的【比率拉伸工具】来调整剪辑的长度；第三种是利用【时间重映射】命令来调整剪辑的速度或持续时间。

速度/持续时间命令（图8-13）：

❶ 在需调整速度的剪辑上单击右键。

❷ 选择【速度/持续时间】。

❸ 在弹出的对话框中调节【速度】的百分比或精确调整【持续时间】。

❹ 若需要在速度或持续时间变化时保持音频音调，可勾选【保持音频音调】。

❺ 若需在剪辑速度调整后，相邻的剪辑保持跟随，可勾选【波纹编辑，移动尾部剪辑】。

【剪辑速度/持续时间】对话框中还有一个重要的功能——【倒放】。我们经常能在视频中看到时间快速倒流的效果，这一效果可以借助倒放功能和相应的速度调整轻松地实现。

倒放功能：

❶ 在需倒放的剪辑上单击右键。

❷ 选择【速度/持续时间】。

❸ 在弹出的对话框中勾选【倒放速度】。

❹ 调节【速度】的百分比或精确调整【持续时间】。

图8-13 调整速度/持续时间

相对于【速度/持续时间】命令, 利用【比率拉伸工具】的优势在于快捷且便于填补剪辑间的空隙, 并可以有的放矢地调整剪辑的长度。

比率拉伸工具:

❶ 选择工具栏中的【比率拉伸工具】(按快捷键【R】)。

❷ 在剪辑的边缘左右拉伸即可相应地调整剪辑的速度或持续时间(图8-14)。

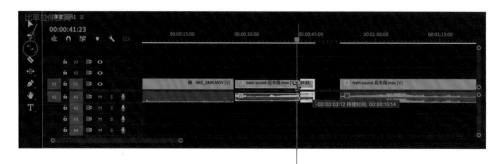

左右拉伸以调整剪辑的速度或持续时间

图8-14 比率拉伸工具

使用【时间重映射】命令也可以对剪辑的速度或持续时间进行调整, 它的优势在于后续可以配合【效果控件】中的操作, 利用关键帧实现剪辑速度的调整。

时间重映射命令:

❶ 在剪辑上的黄色【fx】方块处单击右键, 选择【时间重映射】→【速度】(图8-15)。

❷ 剪辑上会出现蓝色阴影, 剪辑中心的位置会出现一条水平线, 向上拉动可提升速度/减少持续时间, 向下拉动可降低速度/增加持续时间。

❸ 在【效果控件】中的【时间重映射】处可精确调整速度(图8-16)。

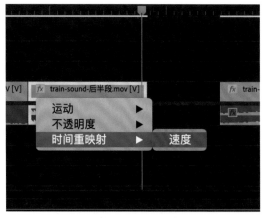

图8-15 选择【时间重映射】→【速度】

图8-16 在【效果控件】中的【时间重映射】
精确调整速度

◆ 精剪时我们在做什么

一般来说，短视频的后期制作分为初识素材、分类、粗剪、精剪、合成几个步骤，但由于Vlog的简易性和手机端剪辑软件的便捷性，创作者常将合成中的后期包装、声音制作等工作放在精剪中一并完成。在视频的精剪阶段，创作者需要在粗剪的基础上对影片的细节部分进行精细调整，一般包括组接画面和音乐、调整影片的节奏、制作片头片尾、精进声音制作、进行视频包装（视效、花字、转场等）、添加字幕、调色等具体工作，最终得到一个完整而精致的成片。

精细调整剪辑：精剪阶段最重要的内容是在粗剪的基础上进行修改调整，保证画面布局合理、镜头衔接顺畅、画面与音乐配合融洽、转场流畅等。另外，在精剪阶段，创作者需要特别注意对视频整体节奏的把控，避免存在某些段落过于冗长、拖沓的情况，确保Vlog能持续地吸引观众的注意力。

制作片头片尾：一些创作者为了能够提升视频的完整性，并更好地吸引潜在关注者的兴趣，会为视频制作片头片尾，把整个视频里最精彩的5~10秒放到视频最开始的部分，让它变成片头，并在此添加醒目的标题或提示性的文字内容。在视频的片尾，部分创作者习惯对视频内容进行总结，感谢观众的收看，并提醒观众进行点赞、关注与转发。有标识性的片头和片尾可以更好地体现创作者的个人特色，提高观众对视频的关注度。

精进声音制作：如未在粗剪阶段添加旁白、音乐和音效，在精剪时则需要根据画面内容进行旁白、音乐和音效的添加。精剪工作要求创作者更精细地调节各部分声音元素的响度并保证画面与声音巧妙地结合在一起。

进行视频包装：适当的视频包装可以为视频增添趣味性与亲切感，能在一定程度上提升观众的观看体验。视频的包装制作包括添加花式的文字标题、提示性文字、有趣的特效、转场等。切记，视频包装效果需要与创作者自身的风格与视频的内容相契合，避免画蛇添足，产生违和感。

添加字幕：视频字幕分为标题字幕、台词字幕和说明性字幕3种。在视频的开头展示标题字幕可以更好地向观众展示视频的主题，以吸引观众观看。包含字幕的视频内容更容易为观众理解。除了同步创作者在视频中的对话、旁白等的台词字幕之外，如果视频中包含创作者想要推介的产品或其他希望重点传递的信息，也可借助提示性的说明性字幕来更准确明晰地传递。

调色：在精剪流程的最后，我们需要对视频的亮度、对比度、色彩等进行调节。普通剪辑软件自带的调色工具就可充分胜任一般的调色工作了，无须特别使用专业调色软件进行调色处理。但在精剪专业的视频时，我们可能会使用达芬奇等专业调色软件。有时我们也可以适当使用剪辑软件中自带的滤镜来制作具有风格感的视频。

8.3

标题与字幕

◆ 制作标题

在Premiere中制作标题一般有两种方法，目前较为常用的是使用【旧版标题】制作标题。在【旧版标题】窗口中，我们可以建立横版或竖版标题文字，并利用【路径文字】工具自定义文字的方向和路径。在这里，我们可以自由地调整文字的大小、字体、字间距、行距、颜色等，为文字添加描边、纹理等效果。以使用【旧版标题】的方法制作的标题会作为素材生成在【项目栏】中，创建完毕后只要像使用其他类型的素材一样将生成的标题素材拖入【时间线】中便能进行剪辑，一般我们将标题素材放置在最上层的轨道中。

建立旧版标题（图8-17）

❶ 单击【文件】→【新建】→【旧版标题】。

❷ 在弹出的窗口中修改字幕名称。

❸ 进入【旧版标题】窗口，选择【文字工具】，在显示窗口的适当位置单击，输入文字，调整【旧版标题属性】中的各项属性参数，并借助【选择工具】调整标题位置。

❹ 关闭【旧版标题】窗口，创建的标题将作为素材出现在【项目栏】。

将新建的标题素材拖入【时间线】的相应位置（最上层轨道）。

图8-17 建立旧版标题

Adobe官网指出将在未来逐渐更新Premiere的标题与字幕制作功能，并可能会取消【旧版标题】功能。在Premiere的最新版本中，Adobe也对字幕的相关功能做了新增与改进。但在新的功能与【字幕工作区】彻底得到完善之前，【旧版标题】功能可能仍是我们创建标题最好的选择。

Premiere最新的几个版本中新增了【字幕】工作区。并改进了【文字工具】的相关功能。在Premiere中制作标题的另外一种方法就是直接利用【工具栏】中的【文字工具】在【节目监视器】中创建标题，创建的标题将在【字幕】工作区或【图形】工作区的【基本图形】面板中以图层的形式存在。

使用文字工具：

❶ 打开【字幕】工作区，在【工具栏】中单击【文字工具】。

❷ 在【节目监视器】中的相应位置单击后输入文字，在【基本图形】面板的【编辑】选项卡中调整标题文字的字体、大小和外观等样式属性。

◆ 制作说明性字幕

制作说明性字幕的方式和创建标题的方式大致相同，利用【旧版标题】和【文字工具】创建说明性文字，再调节文字的外观属性即可。

当然，我们也可以使用Premiere自带的字幕模板来制作说明性字幕，这些模板具有一定的外观设计和简单的动画效果。在模板的基础上，我们可以根据需要调整字幕的内容、字体和色彩等细节，这样就能非常轻松地完成说明性字幕的制作。

使用字幕模板制作说明性字幕：

❶ 打开【字幕】工作区或【图形】工作区。

❷ 在【基本图形】面板的【浏览】选项卡中有大量的说明性字幕模板（图8-18），选择一个心仪的字幕模板并将其拖入【时间线】。

❸ 根据需要调整字幕的内容、字体、色彩等细节。

图8-18 制作说明性字幕

◆ 制作台词字幕

【字幕工作区】的出现和完善让台词字幕的添加变得更加便捷。在Premiere中为视频添加台词字幕的方式主要有3种：在字幕轨道中手动添加字幕、导入SRT格式的字幕文件、利用软件自带的【语音到文本】功能生成字幕（图8-19）。我们主要在【字幕工作区】的【文本】面板中来完成制作台词字幕的工作，在这里可以建立专门的字幕轨道来编辑字幕文本，并在【节目监视器】中查看我们所制作的字幕。

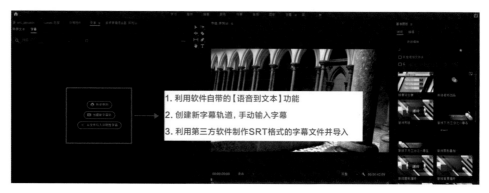

图8-19 制作台词字幕

手动添加字幕：

❶ 打开【字幕】工作区，在【文本】面板中单击【创建新字幕轨】。

❷ 在弹出的【新建字幕轨道】对话框中选择字幕轨道格式为【EBU字幕】，若之前已创建了任何文本样式，也可选择一种文本样式。

❸ 将时间线指针放置在对白开始的位置，以保证字幕文本与音频和画面对齐。

❹ 单击【文本】面板中的【+】以添加空白字幕，双击【文本】面板或【节目监视器】中的【新建字幕】键入字幕文本。若有需要修正的部分可在【时间线】中修剪字幕剪辑。

若觉得手动添加字幕过于麻烦，我们可以考虑利用第三方软件或插件直接生成SRT格式的字幕文件。比如利用剪映中的字幕生成功能，结合第三方插件就能生成SRT格式的字幕文件，再将其导入Premiere即可完成台词字幕的制作。

从第三方导入字幕文件：

❶ 利用第三方软件或插件制作SRT格式的字幕文件。

❷ 打开【字幕】工作区，在【文本】面板中单击【从文件导入说明性字幕】，选择该字幕文件或直接将字幕文件导入【项目】面板的素材栏中后拖入【时间线】。

❸ 在弹出的【新建字幕轨道】对话框中选择字幕轨道格式为【EBU字幕】，若之前已创建了任何文本样式，也可选择一种文本样式。

❹ 在【时间线】的字幕轨道上按需修剪字幕剪辑。

我们如果使用的是15.4 之后版本的Premiere，就可以尝试使用【语音到文本】功能来添加台词字幕。

将语音转为字幕文本：

❶ 在需要转录字幕的片段标记入点和出点。

❷ 打开【字幕】工作区，在【文本】面板中单击【转录序列】。

❸ 在弹出的对话框中进行设置：在【音频分析】中选择相应的音轨，【语言】设置为视频中的语言，选择【仅转录从入点到出点】，单击【转录】。

❹ 在【转录文本选项卡】中显示结果，编辑说话者并单击【保存】。

❺ 利用【转录文本选项卡】顶部的【拆分分段】和【合并分段】选项拆分与合并文本，对应声音和画面来编辑文本，以保持声画同步。

❻ 单击【创建字幕】，在弹出的【创建字幕】对话框中设置预设（默认）、格式（字幕）和样式，在【时间线】的字幕轨道上按需修剪字幕剪辑。

无论采用什么方法添加字幕，在字幕添加完成后，我们都可以在【图形】面板中调整字幕的字体、大小、色彩等外观属性，也可在【时间线】的字幕轨道上进一步编辑和调整这些字幕剪辑。

8.4

基础调色

调色工作分为色彩矫正（Color Correction）与色彩提升（Color Grading）两个步骤。在色彩矫正阶段，我们利用Premiere中的一级调色工具对素材的色彩进行矫正和统一，尽可能保证所有镜头在视觉上协调一致。而在色彩提升阶段，Premiere中的二级调色工具可以帮助我们从艺术的角度对视频进行润色和提升，此时便有必要综合考虑视频的主题、风格、调性，想要传递的意境，甚至包含的隐喻与所使用的象征手法等。除此之外，我们也可以参考数字影像工程师（Digital Imaging Technician, DIT）和摄影指导提供的颜色查找表（Look Up Table, LUT）完成色彩的还原，或套用自己喜欢的LUT来达到相应的色彩效果。

Premiere中的调色工具叫作【Lumetri颜色】，我们可以在【Lumetri颜色】面板（图8-20）中完成各项调色工作。【Lumetri颜色】面板分为6个部分，分别是【基本矫正】【创意】【曲线】【色轮和匹配】【HSL辅助】【晕影】。

【颜色】工作区

*Lumetri*颜色

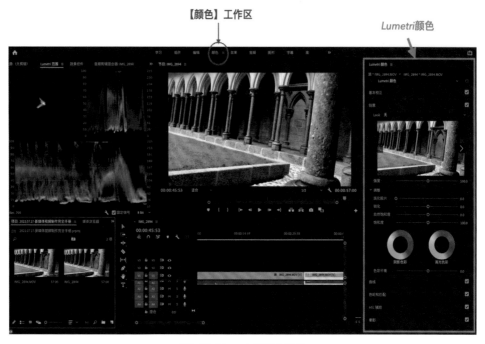

图8-20 【Lumetri颜色】面板

◆ 一级调色工具

　　【Lumetri 颜色】中的【基本校正】面板（图8-21）可以看作一级调色工具，利用它我们可以完成色彩的矫正和统一工作。拍摄和剪辑完成的素材可能在曝光、白平衡和色彩饱和度等方面存在问题，我们需要通过在【基本校正】面板中调节各项参数来使各个素材趋于一个较为准确的色彩状态。另外，视频素材往往是在不同的场景和光线条件下拍摄完成的，甚至有时两个不同品牌和型号的摄影机同时拍摄的素材会呈现出不同的色彩。因而我们需要利用一级调色工具在基本矫正阶段让素材的基本色彩元素相对统一，从而保证视频具有和谐统一的色彩风格。

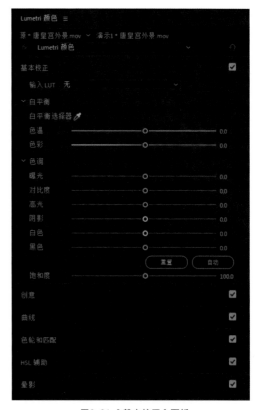

图8-21 【基本校正】面板

在进行调色工作前,建议大家首先打开【控制区】的【Lumetri 范围】面板,将【波形示波器】【rgb分量示波器】以及【矢量示波器YUV】打开,这些示波器(图8-22)可分别从曝光和色彩等角度为我们的色彩调节工作提供参考与指示。

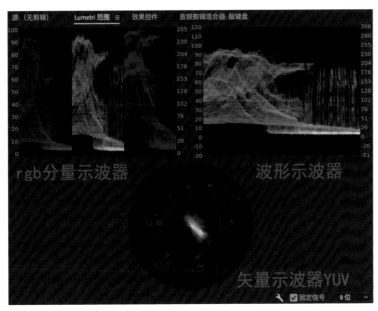

图8-22 示波器

基本校正面板

输入LUT:我们可以选择一个LUT作为起点对画面进行调色,然后使用其他颜色控件进行进一步调整。

白平衡:如果拍摄前摄影机的白平衡设置不够准确,拍摄到的画面便会和肉眼看到的真实画面产生偏差,出现画面偏蓝或者偏黄等情况。首先我们可以通过【rgb分量示波器】来检查画面中整体颜色的分布。如果画面中有纯白色的部分,我们可以利用【白平衡】面板中的【吸管工具】在画面纯白色的部分单击,就能自动调整画面的白平衡。当然,我们也可以根据需要,在【色温】和【色彩】处通过移动滑块的方式来进一步调整白平衡,为视频添加某种特定的色调。

色调:【色调】面板分为7个部分,分别是【曝光】【对比度】【高光】【阴影】【白色】【黑色】和【饱和度】。我们可以利用【波形示波器】来完成相应的调色工作。【波形示波器】中的横坐标与图像实际的水平位置相对应,纵坐标显示的是对应位置所有像素的亮度分布(图8-23)。

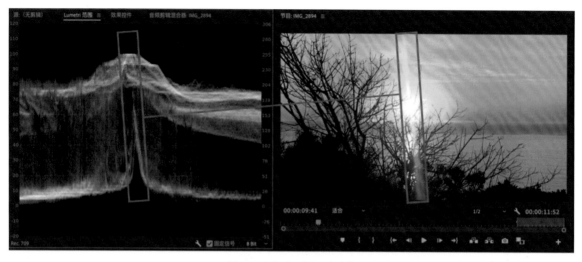

图8-23 【波形示波器】中峰值部分与图像的对应关系

曝光：控制画面中间调的亮度。

黑色：调节画面中最暗的部分。

白色：调节画面中最亮的部分。

阴影：调节画面中较暗的部分，影响阴影和中间调之间的色调范围。

高光：调节画面中较亮的部分，影响高光和中间调之间的色调范围。

对比度：控制画面的明暗对比，向右移动滑块会使亮部更亮，暗部更暗。

饱和度：控制画面中色彩的鲜艳程度，向右移动滑块，画面色彩会变得更鲜艳，向左移动滑块，画面色彩会变得更灰暗。

◆ 二级调色工具

【Lumetri 颜色】中的二级调色工具包括【创意】【曲线】【色轮和匹配】【HSL辅助】【晕影】。利用这些工具，我们能够进一步调整视频的色彩，进行风格化的调色，为画面添加更好的艺术效果。

曲线面板

【曲线】面板中有两种类型的曲线供我们使用，一种是【RGB曲线】，另一种是【色相与饱和度曲线】。当我们想要有的放矢地控制画面中高光、阴影和中间调的亮度与色彩，【RGB曲线】是不错的选择。而当我们想要更加精准地调节某个色相、亮度与饱和度所对应的参数时，【色相与饱和度曲线】使用起来会更为便捷。这两种类型的曲线在使用时侧重不同，我们可以根据具体的调色需求来选择使用。

RGB曲线:【RGB曲线】的横坐标代表亮度等级,从左到右依次代表由暗至亮。因此,曲线靠左边的部分对应阴影,中间对应中间调,而靠右的部分对应高光。纵坐标代表对应的亮度等级的像素个数,调节曲线改变的是相应亮度等级的像素数量。例如,我们如果将左侧阴影部分的曲线向上拉动,则画面阴影部分的亮度会得到提升。在【RGB曲线】上方我们能够看到4种颜色的圆形图标,单击白色图标后,曲线控制的是画面整体亮度。在曲线上单击,会出现一个调节点,向上拉动调节点画面会更亮,向下拉动画面会更暗。我们根据需求设置多个调节点,便可以自由地调节相应区域的亮度(图8-24)。调整时我们不仅要观察画面中的亮度变化,同时要关注和参考【波形示波器】中的波形变化。

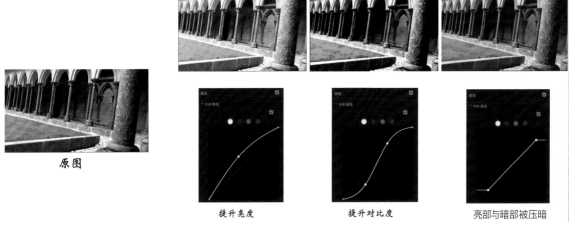

图8-24 利用【RGB曲线】调节亮度

而单击红色、绿色与蓝色的圆形图标,我们可以基于光的三原色(红色、绿色、蓝色)与其对应的补色(青色、品红色、黄色)来调节色彩(图8-25)。比如单击红色图标后,将曲线上拉,画面会增加红色调,下拉画面则会增加青色调。当然,我们仍然可以按照调节亮度的方法,在曲线上增加调节点来分别控制画面中阴影、中间调和高光的色彩。利用【RGB曲线】进行调色时,我们可以主要参考【RGB分量示波器】并注意观察画面中色彩的变化。

对于新手而言,直接利用【RGB曲线】调节色彩可能稍微有点难度,建议大家可以在学习了色彩原理后,再尝试使用【RGB曲线】进行调色。

图8-25 利用【RGB曲线】调节色彩

　　色相饱和度曲线：相较于【RGB曲线】，【色相饱和度曲线】的使用原理更加简单直接且其更容易上手。【色相饱和度曲线】面板中包含了5个工具。这些工具能够帮助我们更精准地调节画面中的某种颜色，而尽可能小地影响画面的其他部分。比如当我们仅仅想改变画面中某种颜色的饱和度时，调整【基本矫正】面板或【创意】面板中的【饱和度】是无法达成理想效果的，因为这改变的是画面整体的饱和度。而通过使用【色相饱和度曲线】面板中的这些工具，我们便能针对性地对指定颜色进行调整。

　　色相与饱和度曲线（图8-26）：调节画面中某个色相的饱和度。

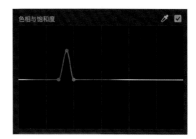

图8-26 色相与饱和度曲线

　　色相与色相曲线（图8-27）：调整画面中某种颜色的色相，即把画面中的某种颜色变成另一种颜色。

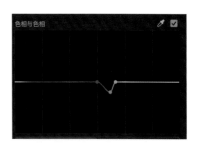

图8-27 色相与色相曲线

色相与亮度曲线（图8-28）：调整画面中某个色相的亮度。

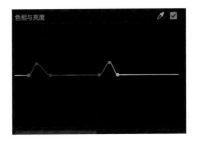

图8-28 色相与亮度曲线

亮度与饱和度曲线（图8-29）：调整画面中与所吸取颜色亮度相近的颜色的饱和度。

图8-29 亮度与饱和度曲线

饱和度与饱和度曲线（图8-30）：调整画面中与所吸取颜色饱和度相近的颜色的饱和度。

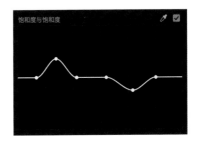

图8-30 饱和度与饱和度曲线

　　为了更好地理解它们的使用方法，我们可以将这5个工具按照A与B的格式来归纳，即曲线名称中先出现的属性称为A，后出现的属性称为B。它们共同的调色原理就是控制画面中A部分的B属性，曲线中横坐标代表A的参数属性，纵坐标代表B的参数属性。我们搭配相应的【拾色工具】使用，色彩调节会变得更加轻松。单击【拾色工具】后，在画面中单击想要选择的A部分的颜色，曲线上会出现3个点，整个画面中全部包含A属性的部分就都被自动选中了，接下来我们只要通过上拉或下拉来调整相应的B属性的参数属性即可。以【色相与饱和度曲线】为例，假设我们想要增加下图两个手套的饱和度，而不影响画面中其他部分的饱和度，就可以利用【拾色工具】分别在红色和紫色的手套上单击以吸取颜色，在曲线上的红色和紫色的区域就分别出现了3个点，我们只要分别向上拉中间的点，两只手套的饱和度就都提升了（图8-31）。

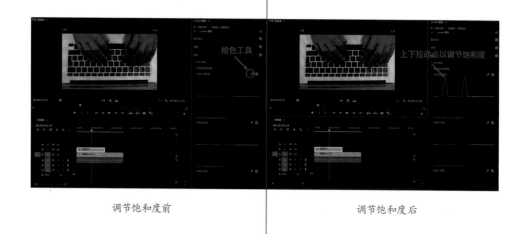

调节饱和度前　　　　　　　　　　　　调节饱和度后

图8-31 调节手套的饱和度

色轮和匹配面板

利用【色轮和匹配】面板中的工具，我们可以方便快捷地完成对于某个亮度范围的针对性调色。

色轮: 在【色轮和匹配】面板中，我们可以分别调整高光、阴影和中间调的亮度与色彩。上下移动滑块，我们可以分别调整高光、阴影和中间调的亮度，上移滑块为提亮，下移滑块为压暗。色轮则是用来控制颜色的，将鼠标指针置于某个色轮上，该色轮中央会显示十字图标（图8-32）。我们将色轮上的十字图标往某个颜色方向移动，就能为对应的高光、阴影和中间调单独添加某种色彩。

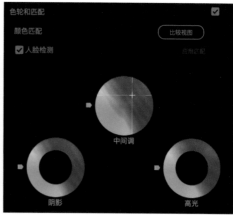

图8-32 色轮

在调节时我们可以重点参考【矢量示波器YUV】中色彩的偏向性变化，并认真观察【节目监视器】中的画面变化。【色轮和匹配】与【RGB曲线】的使用效果非常相似，都是能更精确地选择区域，但不精确地赋予色彩。与之相反的是【色相与饱和度曲线】，它无法精确选择区域，却能更精确赋予色彩。大家可以根据自身的调色需求来选择使用。

匹配：【色轮和匹配】面板中的另一个重要功能是【匹配】，它能够根据参考画面对当前画面进行自动调色。我们还可以利用其人脸肤色匹配功能来统一画面中人脸的肤色。

人脸肤色匹配（图8-33）：

❶ 将时间线指针移动至需要调色的位置。

❷ 单击【比较视图】，【节目监视器】中会出现两个画面。

❸ 在左侧的参考画面滑动时间线指针来选择参考画面，勾选【人脸监测】，单击【应用匹配】，右侧当前画面中的人脸肤色即可匹配左侧参考画面中的人脸肤色。

图8-33 人脸肤色匹配

HSL辅助面板

在【HSL辅助】面板中，我们可以对画面局部的某一颜色进行针对性地调整，具体可以改变这一颜色的色相、对比度、色温、色彩、饱和度、锐化等相关参数。比如我们可以将这一工具使用在人物皮肤的局部调整中，对人物皮肤局部进行精细化的调整。

键：此面板主要用于选取颜色并通过H（Hue：色相）、S（Saturation：饱和度）以及L（Lightness：明度）3个通道来调整所选择的颜色的具体范围。勾选【彩色/灰色】，画面将仅显示选中的部分,这有利于我们更好地调整选择范围,确定选择范围后取消勾选即可。

优化: 我们可以通过调节【优化】面板中的【降噪】与【模糊】参数,对我们所选择的颜色进行合理的降噪与模糊。

更正: 我们在【键】与【优化】面板中确定了选择范围并对选择的颜色进行优化处理后,便可在【更正】面板中具体地改变颜色。更正下的单个圆圈的图标代表整体性地改变色相,单击3个圆圈的图标则可分别改变高光、阴影和中间调的色相(图8-34)。当然,我们还可以在【更正】面板中对选定范围的【色温】【色彩】【对比度】【锐化】【饱和度】进行修改。

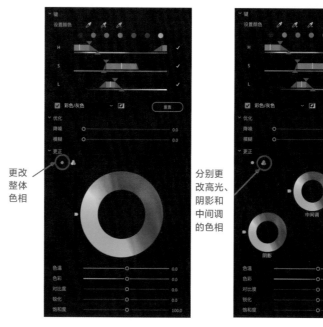

更改整体色相

分别更改高光、阴影和中间调的色相

中间调

阴影

高光

图8-34 【更正】面板

调整肤色(图8-35)

❶ 在【键】面板中用【拾色工具】(第一个吸管)在画面上单击,进行颜色吸取。

❷ 勾选【彩色/灰色】查看选择结果,若颜色选择不到位可通过【增加拾色】(第二个吸管)增加颜色或【减少拾色】(第三个吸管)减少颜色。

❸ 分别拖动H、S、L这3个通道上的三角形滑块来调整对应的色彩范围,左右拖动色彩范围来设置调整肤色的区域。

❹ 取消勾选【彩色/灰色】,在【优化】面板中向右移动滑块,少量增加【降噪】和【模糊】的值。

❺ 在【更正】面板中单击3个圆圈的图标,调整【中间调】中的色轮和滑块,得到理想的皮肤色彩和亮度,根据需要调整【色温】【色彩】【对比度】【锐化】【饱和度】等参数。

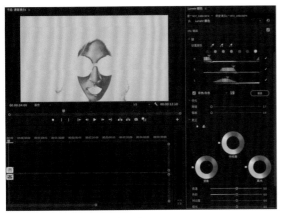
调整色彩范围

调整色彩

图8-35 调整肤色

晕影面板

【晕影】面板（图8-36）是风格化的调色工具，可以用来制作类似胶片和老电影的效果，大家可以根据自己的喜好酌情使用。

数量：向左移动滑块可以为视频的4个角添加黑影，反之则为视频的4个角添加白影。

中点：控制晕影的聚拢程度，向左移动滑块，晕影会向内聚拢，反之则向外扩散。

圆度：控制晕影的形状，向右移动滑块，晕影会更倾向于呈圆形，向左移动滑块，晕影会更倾向于呈矩形。

羽化：控制晕影的羽化程度，向右移动滑块会增强晕影的羽化效果，反之晕影会更加锐利。

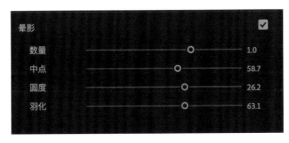

图8-36 【晕影】面板

◆ LUT与创意工具

使用LUT可以便捷地为视频添加风格化效果，特别适用于前期利用Log模式拍摄的视频。在专业的视频制作项目中，数字影像工程师如果已经为我们制作了LUT，我们可以直接套用LUT再完成进阶的风格化调色。当然，对于小成本的视频制作项目，直接套用一些优质的、现成的LUT也是一种非常高效的方式，Premiere中就提供了一些LUT可供我们选择。

【Lumetri 颜色】中有两个可以套用LUT的地方（图8-37），一个是【基本校正】面板中的【输入LUT】，在这里我们可以将色彩空间转换为LUT，比如将前期拍摄的Log模式的素材转化为某个LUT。另一个则是【创意】面板中的【Look】，在这里我们可以套用风格化的LUT。大家可以根据习惯选择其中一种进行LUT的套用，但在【基本校正】面板中直接套用LUT可能会对素材的高光和黑场有一定的限制，这一点需要大家稍加注意。

图8-37 套用LUT的两种方式

在套用LUT前，我们可以在【基本校正】里对视频完成一级校正，即对基本曝光参数进行调整。在这里我推荐大家在【新建项】中选择【调整图层】，为视频添加一个调整图层，并在调整图层中添加LUT，这样LUT就能应用在所有剪辑上。在调整图层上进行后期的调色操作，后续再进行调整也不会影响原剪辑的效果。

如果数字影像工程师已经为视频制作了LUT，或者你有心仪的LUT可供使用，那么我们可以在【基本校正】面板中的【输入LUT】或【创意】面板中的【Look】处打开下拉菜单，选择【自定义】，将做好的LUT导入即可。当然，我们也可以在下拉菜单中选择一个Premiere自带的LUT进行套用。选择LUT之后，我们可以在【强度】处调整LUT的强度，并利用【创意】面板中的其他工具进一步对画面色彩进行调整和优化。

创意工具

在这一部分，我们可以通过简单的参数调节整体性地调节画面的风格化色彩（图8-38）。

Look：在这里我们可以选取预设，套用LUT和lumetri滤镜。

强度: 能够调整LUT的强度。

淡化胶片: 能够创造一种类似于降低了饱和度与对比度的胶片质感效果, 我们可以根据需要调节这种效果的强度。

锐化: 通过适当增加【锐化】的值, 我们可以在一定程度上提高视频焦内部分的清晰度, 而虚化部分不受影响。

自然饱和度: 对该参数的调整仅影响所有低饱和度颜色的纯度, 而不对高饱和度颜色造成过多影响, 且不会对肤色的饱和度造成过多影响。

饱和度: 控制画面色彩的纯度。

阴影色彩: 在色轮中选定某种颜色能够为画面较暗部分赋予某种色彩。

高光色彩: 在色轮中选取某种颜色能够为画面较亮部分赋予某种色彩。

色彩平衡: 在【阴影色彩】与【高光色彩】的色轮中分别调整好颜色后, 在【色彩平衡】处可以调节色相的偏向性, 左移滑块则画面颜色偏向高光色相, 右移则偏向阴影色相。

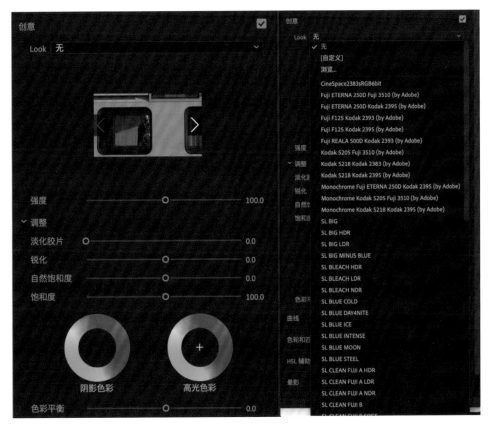

图8-38 创意工具

8.5

音频的剪辑与调整

◆ 音频剪辑

视频剪辑的基本方法、工具和功能基本都适用于音频的剪辑，我们想要单独处理音频剪辑时，只需取消视频剪辑与音频剪辑的链接，便能让它们成为独立的剪辑。

取消链接：在剪辑上单击右键，选择【取消链接】。

重新建立链接：将音频与视频剪辑同时选中，单击右键，选择【剪辑】→【链接】。

我们可以在Premiere中对音频的左右声道分别进行处理，也可进行整体的调整。在集中处理音频剪辑时，我们可以选择在Premiere专门为音频剪辑设计的【音频】工作区中（图8-39）进行剪辑操作。

图8-39 音频工作区

◆ 调节音量

在Premiere中有多种调节音量的方法，大家可以根据自己的喜好进行选择。

在音轨中调节音量和实现声音变化效果

在音轨中调节音量：双击音轨，直接上下移动音频剪辑上的白线，上移（快捷键【]】）为增加音量，下移（快捷键【[】）为减少音量。

实现声音变化效果：按住【Ctrl】键并单击音频剪辑上的白线，即可创建关键帧，也可使用【钢笔工具】创建关键帧，上下移动关键帧，即可实现声音变化效果（图8-40）。

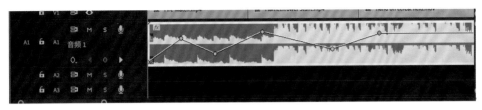

图8-40 实现声音变化效果

调整音频增益

我们可以通过调整音频增益来控制音量的大小。在剪辑处单击右键，选择【音频增益】（单击后按快捷键【G】），调整增益值（设置增加量）或直接设置为理想的增益值，即可调整音频的音量（图8-41）。音频增益值增加，音量增大，反之则减小。

图8-41 【音频增益】对话框

将增益设置为：可将增益设置为某一特定值，该值始终为当前增益。

调整增益值：可增加相应的增益值，【将增益设置为】的数值会随之自动更新，以反映应用于该剪辑的实际增益值。

标准化最大峰值为：可将选定剪辑的最大峰值振幅设置为指定的值（此值可被设置为低于0.0 dB的任何值）。

标准化所有峰值为：可将选定剪辑的峰值振幅设置为指定的值（此值可被设置为低于0.0 dB的任何值）。

在【效果控件】中更改级别值

打开【效果控件】面板，选中需调整的音频剪辑，在【效果控件】面板中的【级别】处输入一个电平值。负值表示减小音量，正值表示增加音量。

实现声音变化效果：

❶ 单击【级别】旁的三角形以展开该选项。

❷ 滑动滑块调整电平值，软件将自动在当前时间线指针位置创建关键帧（图8-42）。

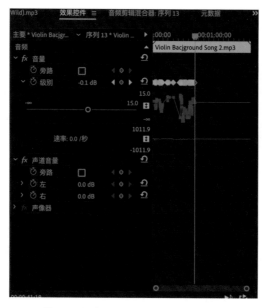

图8-42 通过【效果控件】面板创建关键帧

❸ 调整音量电平图形。

在【音频剪辑混合器】面板中调整音量

打开【音频剪辑混合器】面板,上下滑动相应轨道中的滑块以调整音量。

实现声音变化效果:

❶ 在【音频剪辑混合器】面板的对应轨道的调音区按下【写关键帧】。

❷ 按空格键播放音频。

❸ 持续调整滑块以调节音量,软件将自动生成关键帧(图8-43)。

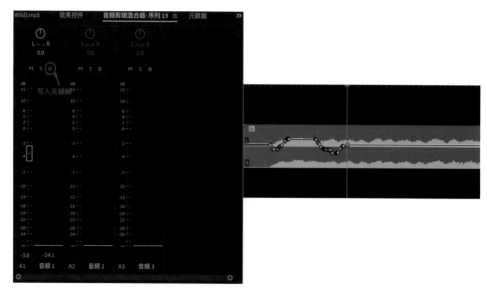

图8-43 通过【音频剪辑混合器】面板创建关键帧

图8-44 Premiere中的音频效果

◆ 音频效果与音频过渡

Premiere为创作者提供了各种不同的音频效果,我们可以在【效果】的【音频效果】中选择音效进行添加(图8-44),并可以在【效果控件】中做具体的调整。

添加音频效果:

❶ 在【效果】的【音频效果】中找到需要的音频效果。

❷ 将音频效果拖曳到序列中的一个剪辑上,或在选中剪辑后双击音频效果以应用。

❸ 在【效果控件】中找到该音频效果并调整参数。

删除音频效果:

❶ 在【效果控件】中选中该音频效果。

❷ 按【Delete】/【Backspace】键删除。

Premiere也提供了基本的音频过渡效果以帮助创作者快速地实现音频开头、结尾以及音频衔接处的自然过渡。我们常利用【交叉淡化】与【恒定功率】等效果实现音频剪辑间的过渡,借助【恒定增益】等效果实现音频的淡入,使用【指数淡化】等效果实现音频的淡出。

实现音频剪辑之间的交叉淡化:

❶ 在【效果】中找到需要的音频过渡效果。

❷ 将音频过渡效果拖曳到序列中要进行交叉淡化的两个剪辑之间的编辑点上。

❸ 在【时间线】中拖曳音频过渡效果的边缘,调节音频过渡效果的时长与具体位置,或双击音频过渡效果,然后在【效果控件】中进行调整。

实现音频的淡入与淡出(图8-45):

❶ 在【效果】中找到需要的音频过渡效果。

❷ 将音频过渡效果拖曳到序列中剪辑的开头或结尾处。

❸ 在【时间线】中拖曳音频过渡效果的边缘调节其时长,或双击音频过渡效果,然后在【效果控件】中进行调整。

图8-45 实现音频的淡入与淡出

8.6

影片输出

完成剪辑工作后,我建议大家反复检查几遍,确认无误后便可输出成片了。Premiere中影片的输出操作分为**检查序列**、**渲染**、**导出设置**、**检查成片**这几个步骤。其中大家着重需要了解的是导出设置中输出格式的设置与影片输出质量的控制。

◆ Premiere中影片输出的基本操作

检查序列:播放几遍序列中的视频,仔细检查视频是否在画面的流畅性、音乐的衔接性、字幕的准确性等方面存在问题,特别注意是否存在丢帧、声画不同步的情况。

渲染:

❶ 在视频的开头标记入点,在视频的结尾空出几帧再标记出点。

❷ 单击【序列】→【渲染入点到出点】,对视频进行渲染(图8-46),等待软件弹窗提示渲染完成。

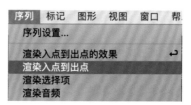

图8-46 渲染

导出设置(图8-47):

❶ 单击【文件】,选择【导出】→【媒体】,即可进入【导出设置】对话框。

❷ 进行一系列的导出设置。

❸ 设置完成后,在对话框下方单击【导出】。

检查成片:在成片文件夹中找到成片并仔细检查。

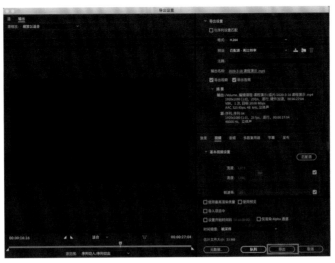

图8-47 导出设置

◆ 影片输出格式与导出设置

影片封装格式与编码

我们可以将影片的**封装格式**想象成不同材质的箱子。在体积相同的情况下，纸箱子比木箱子更轻，木箱子又比铁箱子更轻。而**编码**则可被想象成我们装箱的方式。一个视频所容纳的像素，如原封不动地储存起来，会占据很大的储存空间。因此，我们需要通过编码的方式，去掉视频像素中相对不太重要的一些像素，利用不同的封装格式将其储存起来。当然，不同的封装格式所对应的编码方式不同，压缩程度也不同，压缩后的视频文件大小也就不同。这就如同装箱的方式不同，箱子能容纳东西多少就会有差异。

最常见的影片封装格式有mov、mp4 、avi、wmv、asf等，其中mp4（MPEG-4）格式就是视频储存"容器"中较为"轻便"的一种，因此比较利于传播。而mov格式则相对比较"重"，但视频在压缩后像素损失小，因此mov格式更适用于视频的剪辑。我们常用的编码方式有H.26X系列、MPEG系列等，每种编码方式都有其相对应的封装格式。H.264对应的封装格式为mp4格式，具有轻便、质量高且兼容性强等优点，是视频传播常用的一种格式。因此，我推荐大家在【导出设置】对话框中选择【格式】时，优先选择【H.264】，导出mp4格式的视频，这样便于在各大视频平台进行上传和发布视频。MP4格式的视频虽然适用于传播，但并不适用于剪辑。对于苹果系统而言，MOV（格式）、Prores系列（编码）更能够保障剪辑工作的安全、稳定，而MXF（格式）、DNxHD(编码)则是在Windows系统中进行视频剪辑时的更优选择。

导出设置

格式：建议设置为【H.264】编码，以导出mp4格式的视频。

预设：一般默认为【匹配源-比特率】。

输出名称与储存位置：在【输出名称】处单击蓝色的文件名（图8-48），即可打开【另存为】对话框，我们可以在此更改输出文件的名称并选择保存位置。建议将输出文件单独保存在【成片】文件夹中，并以"日期+名称"的格式进行命名

图8-48 导出设置

◆ 控制影片输出质量和尺寸

接下来我们需要完成视频、音频、字幕与其他设置，它们将影响影片的输出质量、尺寸等。总体而言，视频与音频等的导出设置应遵循与序列设置统一的原则。

视频设置

【基本视频设置】虽然默认与序列设置保持一致，但仍然建议大家仔细检查【宽度】【高度】【帧速率】【场序】【长宽比】的设定是否准确（图8-49）。若存在问题，请取消勾选相应选项，进行调整，并检查序列设置是否存在问题。

图8-49 检查基本视频设置

分辨率：请确保影片导出时的【宽度】与【高度】，与素材拍摄时的相机的【长宽比】和剪辑开始时序列设置中的【帧大小】（一般为1920像素x1080像素）保持一致。

帧速率：检查【帧速率】与序列设置中的【时基】是否一致。视频在剪辑时最好能保持固定的帧速率，建议大家在拍摄前就将摄影机的帧速率设置好，并在进行序列设置和导出设置时保持一致。若无特殊需求，推荐大家使用25帧/秒的帧速率。

场序: 应与序列设置中的【场】保持一致, 将【场序】中的扫描方式设置为【逐行】即可。我们时常会看到如1080p或1080i这样的视频显示格式, 数字1080指的是分辨率, 而后面的字母p和i指的就是场序, 即扫描方式。p和i分别指的是逐行扫描与隔行扫描。如今大多数显示设备基本都采用逐行扫描方式。

长宽比: 【长宽比】指的是组成画面的每个像素的长宽比, 我们一般将其设置为【方形像素(1.0)】。

【编码设置】【管理显示色域体积】【内容光线级别】等一般保持默认设置即可。接下来要用的【比特率设置】(图8-50)是我们需要额外关注的, 它会影响视频输出质量与尺寸。

码率: 常用的两种码率为固定码率(Constant Bit Rate, **CBR**)和可变码率(Variable Bit Rate, **VBR**)。VBR可以根据画面的变化自动调节匹配码率, 尽可能使画面质量达到同一水平, 导出的视频的画面质量也会相对更高。我们在时间允许的条件下, 可将【比特率编码】设置为【VBR, 2次】, 即计算和压制分两次进行, 以收获更好的画质。时间紧或要求不高时选择【VBR, 1次】也能够达到不错的效果。

目标比特率与最大比特率: 【目标比特率】指的是编码器允许的目标数据速率, 目标比特率的大小将直接决定导出的视频文件的大小。在【导出设置】对话框的下方, 软件会显示【估计文件大小】, 帮助我们预判导出视频的大小。如果我们采用【VBR】作为比特率编码, 【导出设置】对话框中还可调节【最大比特率】, 最大比特率的值越大, 导出的视频的质量就越高, 对编码器的要求也会更高。一般我们将最大比特率设置得与目标比特率相同或略高即可, 若两者差值过大, 估计的文件大小将不再精准。理论上, 提高目标比特率会使视频更加清晰, 但是到达一定程度后, 视频清晰度就不会再提高了, 且再提高目标比特率会造成导出的视频文件过大, 超出各大视频平台的视频大小要求, 甚至造成视频播放卡顿。如Bilibili的要求是目标比特率(视频码率建议)不超过20000Kbps(约19.5Mbps), 最大比特率(视频峰值码率)不超过60000kbps(约58.6Mbps)(图8-51)。因此, 我们进行视频导出时, 应参考视频平台的上传标准。一般的短视频, 4~10Mbps的目标比特率基本就足够了。

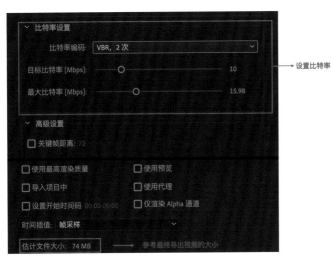

图8-50 设置比特率

图8-51 Bilibili的视频码率要求

关键帧距离：一般保持软件的默认值并勾选即可。

音频设置

音频设置使用软件的默认设置即可，大家可以参考图8-52进行检查。

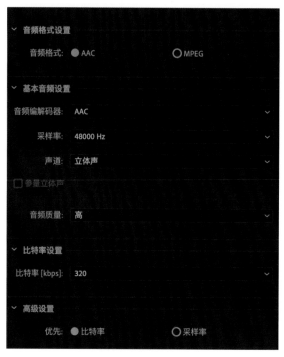

图8-52 音频设置

字幕设置

若视频包含字幕，则应在【导出选项】的下拉菜单中选择【将字幕录制到视频】（图8-53）；若视频不带有字幕，选择【无】即可。

图8-53 字幕设置

其他设置

若电脑配置较好且时间允许,可以勾选【以最大深度渲染】,【时间插值】保持默认设置的【帧采样】,确认后导出视频即可(图8-54)。

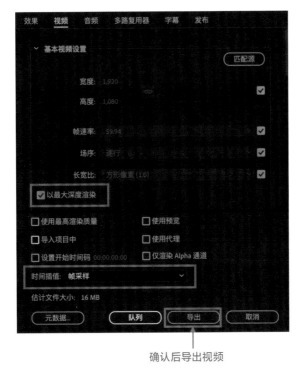

确认后导出视频

图8-54 进行其他设置并导出视频

导出完成后,我们可以在【成片】文件夹中找到导出的视频。强烈建议大家在视频导出后再次认真检查,避免视频存在丢帧、声画不同步等问题。

到这里,对Premiere的学习就告一段落了。任何软件的学习都无法一蹴而就,需要大家勤加练习。当然,Premiere中还包含很多工具与操作方法,很遗憾我无法在此一一讲解。随着大家后续的学习与实践,相信大家还会不断探索出更多的剪辑方法和有趣的剪辑技巧。期待大家对剪辑产生兴趣并产出优秀剪辑作品!

直播准备

相信读者朋友们或多或少都看过网络直播节目，无论是精彩的游戏直播，还是放松的休闲陪伴类直播，抑或是热闹的销售直播，这些直播间里热情的主播、精彩的内容都会吸引观众长时间观看。而在一场成功的直播背后，合理的直播流程是保证直播顺利进行的基础。因此，本章我们就来学习如何做好直播准备。

9.1
直播流程

◆ 直播环境搭建

对于一般的直播，我们只需要一个能接入直播平台的信号源，以及必要的网络环境就可以实现。例如我们拿起一个能够连接网络的手机，手机上有一个好用的摄像头，此时打开手机直播软件就可以实现简单的网络直播；在此基础上，我们还可以用充电宝给手机供电，并使用三脚架固定手机（图9-1）。

对于一般的个人主播，这种简单、低成本的直播环境不失为开展直播工作的好选择。但是很明显，这样的直播环境拥有很高的风险。例如手机发热、手机连接的无线网络不稳定都可能导致直播中途的卡顿甚至掉线。而手机摄像头也让我们无法用更高质量的画面去吸引观众。另一方面，若要进行直播"带货"，对产品的多角度展示也无法通过单一的手机实现。

此时，我们就需要搭建一个稳定的直播环境了。一般我们会选择使用电脑进行直播，这样信号会更加稳定。如今所有的直播平台都支持"推流"这一操作，这可以让我们将任意视频信号通过推流地址发布到自己在直播平台的个人账户中。然后，我们可以通过视频采集卡将视频信号接入电脑之中，即可实现使用摄影机拍

图9-1 手机直播

摄直播画面。最后，我们可以利用硬件切换台（或称导播台）对多个信号源进行切换控制。当然，一些电脑里的直播软件也可以实现这样的功能。同时，我们可以利用直播软件在直播画面中添加字幕、标题、图片等。

这样，我们就可以得到一个多机位、画面质量高、稳定、多功能的直播环境。而具体如何选择和连接这些设备让它们最大化地发挥作用，就是我们接下来需要一步一步解决的问题。

◆ 直播平台的选择

如今的直播平台分为专业直播平台和视频综合平台两种。其中,专业直播平台包括虎牙、斗鱼、YY娱乐等,主要以游戏、泛娱乐类直播为主,其受众群体较单一但是用户黏性很强,大部分用户都有观看直播的习惯。

相较而言,视频综合平台有更多的用户,而每个平台的特点与玩法也不尽相同。

从2020年开始,直播"带货"成为很多主播的工作方式。直播过程中,观众可以了解商品的特点与功能,尤其是通过与主播的互动,观众可以得到更强的购物参与感。

作为短视频综合平台的代表,抖音和快手在直播的观众群体上有明显的区别。抖音更加注重通过算法为每位观众推荐符合其品位和兴趣的直播间,内容涵盖生活、知识、评论、电商、娱乐等。提高直播的内容质量是抖音的直播吸引流量的关键。快手的直播风格更加下沉,多为以"老铁文化"为代表的社交型直播。在这样的直播平台上,如何聚集属于自己的粉丝,是扎根这一直播平台的关键。

同为视频综合平台,Bilibili的直播间更具年轻调性,有大量的二次元主播通过直播扩大影响力,增加个人粉丝量。

◆ 直播互动

视频直播与传统电视媒体的最大不同在于直播时,主播能与观众进行实时的互动。最简单的互动之一就是文字性互动,例如,观众可以通过留言或发送弹幕让主播和其他观众都看到互动内容,主播及时、有趣地回复观众的留言会给直播内容锦上添花。大量才艺式或陪伴类直播,更是以与观众的互动为主要内容。在这样的直播间里,主播根据某些话题吸引观众进行讨论,最终观众与主播共同打造直播间的精彩内容。

随着网络硬件水平的提高,一些直播平台开发了大量新的互动方式,如主播之间的连线活动,对方主播与观众之间可以通过视频或语音的形式直接交流,这可以带动直播间话题讨论度的急剧升高,而主播与观众之间的连线交流也能让观众获得更强的参与感。

了解了直播工作流程之后,接下来我们就正式开始做直播准备了。

9.2

推流是什么

简单来说，直播就是将本地的视频信号发送到直播平台上，然后观众在客户端接收这一视频信号。由于视频都是流媒体编码格式，即视频文件压缩后可分段输出和解码，观众就不必将整个视频完整下载后再观看。其中，我们将发送视频信号的过程称为"推流"，即将流媒体文件推送至相关网络地址。

◆ App推流

通过App直播时，推流的过程是自动进行的。手机摄像头捕捉到的视频信号会自动编码为流媒体文件，然后推送到App的相关平台。这个过程并不需要用户对推流地址、账户进行单独的设置，用户可以简单快速地开展直播活动。但是这样的推流方式限制了用户对信号来源、推流地址的进一步选择。如果我们希望在多个平台同时直播，那么就只能打开多部手机，在每部手机上打开一个平台的App。这时候，可能就会出现图9-2所示的景象。

图9-2 多部手机直播

这样直播并不能保证主播和观众进行充分交流，也不能保证信号的统一性。因此，单一平台的简单直播可以通过手机App进行，但是手机App直播的扩展性较差。

◆ 电脑端直播软件推流

针对手机直播的低扩展性，各大直播平台都推出了各自的电脑端直播软件。这些软件可以让电脑接入Webcam的视频信号，或者推送电脑自身的屏幕视频信号。主播可以通过对软件的设置进行信号的切换和组合。有些软件还针对直播"带货"推出了专门的功能，主播可以在直播的同时对"带货"商品进行改价、上架、改库存等各种操作。

更重要的是，各直播平台推出的电脑端直播软件可以对直播间的数据进行管理和分析。这一功能对于电商类直播非常重要，通过实时数据分析，主播可以对观众关心的商品有直观了解。

尽管电脑端直播软件有很多手机App无法实现的功能，尤其是可以在后台对直播进行管理。但是因为每款软件对应的直播平台是固定的，也无法实现多平台的同时直播。

◆ OBS推流

OBS（Open Broadcaster Software）是一款开源的推流软件。通过OBS，主播可以将视频信号推流到各大直播平台上，仅需要知道直播平台提供的推流地址即可操作。OBS也可以将各种来源的视频信号统一到软件中进行推流。通过插件，它还可以将视频信号串流推送到不同地址，实现多平台的同时直播。

OBS的有关操作对于新手来说不是非常友好，很多参数需要提前设置才能得到正确的视频信号。但是一旦设置好后，OBS便可以提供很多个性化的直播功能。

9.3
多讯道工作

在传统电视媒体中，多机位现场拍摄的方式称为多讯道制作。我们平时看到的晚会、大型活动、访谈节目等通常都是采用这样的方式制作的。而在新媒体直播中，我们同样可以采用这样的制作方式，将电脑、摄影机等的信号同时接入导播台或电脑软件，然后在直播平台中输出信号。

◆ 准备信号源

直播的信号源可以分为几类：外部视频信号、外部音频信号、内部桌面捕捉信号、内部视频素材等。

外部视频信号一般来自摄影机或电脑，这些设备使用HDMI信号线进行传输，也有少部分专业摄影机使用SDI线进行传输。外部视频信号需要通过采集卡或导播台接入直播电脑。如今，也有部分摄影机支持使用USB线直接接入电脑，作为电脑的WEBCAM信号源，相当于使用摄影机作为电脑摄像头。常见的外部视频信号的采集和传输设备如图9-3所示。

相机　　　　　　　HDMI信号线　　　　　采集卡　　　　　USB线　　　　　电脑

图9-3 常见的外部视频信号的采集与传输设备

外部音频信号来自麦克风或其他音频设备，这些信号可以使用3.5mm音频线接入直播电脑的声卡中，或接入导播台。部分信号也可以先接入摄影机，再通过HDMI信号线接入导播台或采集卡。部分麦克风内置声卡，可以直接使用USB线接入电脑。常见的外部音频信号的采集和传输设备如图9-4所示。

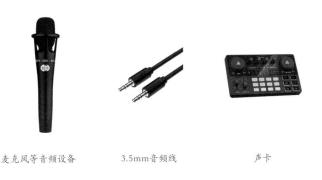

麦克风等音频设备　　　　3.5mm音频线　　　　　声卡

图9-4 常见的外部音频信号的采集与传输设备

内部桌面捕捉信号可以直接添加到直播中。当然，为了直播的稳定，我们可以使用第二台电脑播放，而用于直播的电脑只专注于推流。同理，内部视频素材尽管可以在直播用的电脑上直接播放，但通过第二台电脑播放可以让直播更容易控制，信号更稳定。

◆ 软件切换信号源

任何直播软件都可以将以上信号源添加在软件里，我们可以通过各直播平台的直播软件或OBS的信号源选择功能进行信号源切换。也可以利用这些软件的场景功能，在不同场景中导入不同的信号源，通过鼠标或者快捷键进行切换。

◆ 硬件切换信号源

导播台是最稳定快捷的信号源切换工具之一。我们需要将信号接入导播台，然后通过按键进行信号源切换。需要注意接入导播台的信号接口类型，大部分小型导播台只支持HDMI信号线的接入。同时，有些导播台需要统一接入信号的标准，否则便不能正确地识别信号。导播台可以接入音频信号，让画面和声音分离切换或同步切换，从而实现个性化的信号源切换。

硬件切换台一般都有监看功能，我们可以通过输出端口观看信号源切换的结果。高端的导播台还具有多信号监看的功能。通过这种功能，我们可以实现预切（Preview）和节目信号（PGM）的监看，让导播流程更加专业。

9.4

合适的直播硬件

◆ 电脑还是手机

在选择直播硬件时，我们首先要根据直播条件和直播内容进行判断。我们并不需要在任何场合都追求最好的直播硬件，这样做直播成本太高。

对于一般的直播，大部分手机配合直播App都可以完成。并且通过直播App，我们在用手机直播时可以实现美颜、调色等功能。轻便灵活的手机也适合个人在户外进行直播，例如一些突发事件、旅游或者探店类直播等。

当然，作为正式的直播节目，尤其是商业性质较强的直播，利用摄影机和导播台或采集卡并配合电脑进行推流的工作流程可能更专业。同时我们可以拥有更稳定的有线网络、更精美的画面和更个性化的画面包装。总之，如果想要观众有更好的观感，利用专业的设备是更好的选择。

◆ 导播台

选择导播台时我们主要需要考虑接口的数量和类型、支持的视频格式、具有的流媒体功能及功能稳定性等。当然，最重要的是接口的数量和类型。

一般来说，导播台都有4路以上的视频接口，配合其媒体播放控制功能，大部分导播台都能满足我们的网络直播需求。但是，绝大部分流媒体导播台只有HDMI接口。这种视频接口可以传输分辨率为高清到8K的有声视频，但它在复杂环境下容易受到影响，尤其是HDMI信号线的传输距离一般不能超过20m，这对摄影机的设置提出了要求。当然，针对一般在小空间内进行的小型网络直播，这些限制便无大碍。但是，如果我们想要进行更大规模、更专业的网络直播，就必须使用类似SDI线甚至光纤这样更专业的传输设备，保证更长距离下信号的稳定传输。有时我们也会用到无线图传，但是在复杂环境下，无线图传经常会受到信号干扰的影响。因此，有线传输还是更稳妥的方案。

在导播台上，我们还可以实现部分音频功能。导播台可以使用由HDMI复合输入信号中的音频信号，并选择是否根据视频的切换同时切换音频。我们也可以通过3.5mm或卡侬音频接口为导播台单独接入音频信号。部分导播台还具有简单的特效制作功能，例如画中画、抠像、信号叠加等。通过这些功能，我们可以让直播变得更有特色。

导播台另一个重要的属性就是流媒体的输出功能。部分导播台可以使用USB数据线连接电脑，此时导播台将切换后的视频信号直接输入电脑，而传统导播只能通过采集卡将HDMI信号采集到电脑内再使用。甚至有些导播台可以直接将网线接在设备上，实现脱离电脑主机的直接推流，这样可以一次性将信号推流到不同的直播平台上，非常方便。

◆ **直播一体机**

随着直播行业的不断发展，一些厂商生产了基于安卓系统的直播一体机。这种直播一体机外观和手机类似，不同的是这部"手机"没有摄像头，但可以接入多路外部视频信号。同时，直播一体机还拥有多个网络信号链路聚合功能，能让不同的移动信号和有线网络共同为直播服务，让直播时的网络信号更加稳定。直播一体机还内置了高容量电池，这让我们在户外等无外部电源的地方直播时更加方便。

直播一体机将信号进行压缩后，会通过网络信号链路聚合传输到专用的服务器中。通过RTMP推流，信号也可以同时上传至多个直播平台，这对于一些品牌直播或者户外活动直播来说非常有利。

9.5

直播方案设计

在直播的准备过程中，除了硬件和技术方面的准备，直播方案设计也是必不可少的。尽管我们不能更加深入地探讨有关直播品牌、直播渠道、直播运维等更专业的内容，但是依然需要通过对直播方案的设计，梳理我们对直播制作的一些需求。毕竟所有的制作工作都是围绕内容展开的，如果不知道直播的受众、规模、时长，任何技术方案都难以落实。

◆ 直播内容与制作设计

直播内容和直播制作设计是互相影响的。直播的主题、流程都影响着灯光、美术以及摄影机位的设计。我们在直播前需要了解一场直播活动的流程安排，在流程中有哪些亮点或重要节点，以及直播开始和结束的时间。如果只是一次随意的直播，很多事情便无足轻重。但如果我们要做一次正式的直播，以上信息是必须要了解的。

例如关于数码产品的直播，必然涉及对产品的展示，那么在机位安排上一定要有一个专门展示产品的近景镜头，这个镜头会直接影响观众对产品的感受。当然，布光也很重要。如果在服装产品的直播中使用了和数码产品直播一样的科技感强烈的彩光，观众便不能感受到服装真实的颜色。而在访谈节目中，如何体现嘉宾和主持人的神态和互动，什么样的场景设计能够更好地衬托人物的性格，都是需要经过精心思考的。

◆ 流程台本

当确定了直播内容后，我们需要对每个机位的设计进行确认。最好提前进行彩排，确定机位的位置和所用的镜头是否能达到预期效果。最后，我们需要绘制确定好的机位平面图（图9-5）和信号流程图（图9-6）。

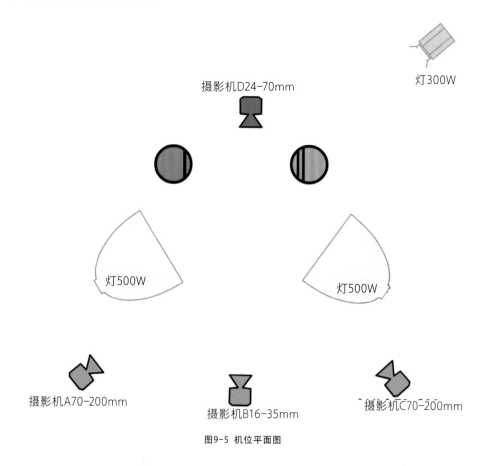

图9-5 机位平面图

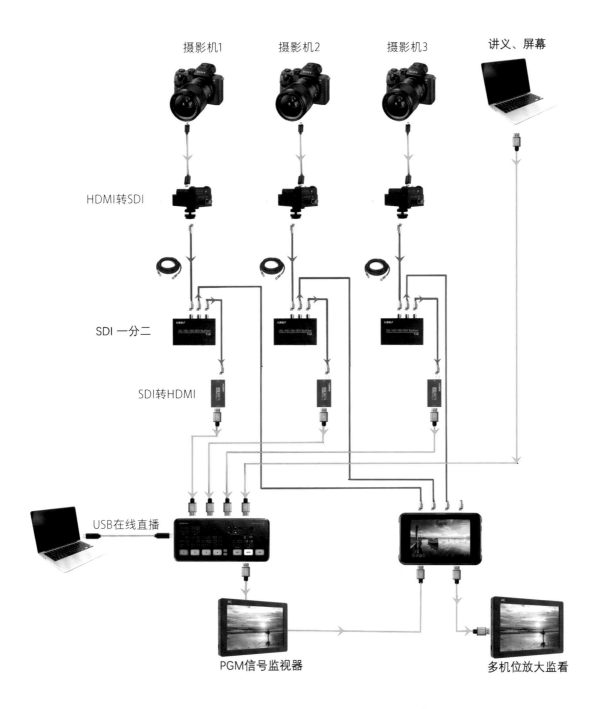

摄影机1　　　摄影机2　　　摄影机3　　　讲义、屏幕

HDMI转SDI

SDI 一分二

SDI转HDMI

USB在线直播

PGM信号监视器　　　　　　　多机位放大监看

图9-6 信号流程图

同时，我们需要将直播内容制作成流程台本，在其中写明时间、长度、演出内容等，如表9-1所示。

表9-1 ×××流程台本（导演：×××）

序号	时间	长度	演出内容	演出区域	大屏内容	舞台上人员	粉衣人	电视视频	现场音乐	包装	道具装置	首尾句	备注
										Logo			
1	19：30	30分钟	预热开场真人秀	主舞台	Logo演绎	导演组粉衣人女演员男演员	宣誓教朗诵	倒计时		倒计时			
1.1	20：00	10秒	开转场Logo										录制备用素材
										转场Logo			
2	20:00:11	5分钟	女演员开场秀大家集体摆Pose	主舞台	Logo演绎	男演员女演员粉衣人	"魔性"递朗诵板		《XXXX》拍照音效	【竖版】XXX开场秀【竖版】诗朗诵《XXX》	好汉歌朗诵板	甲：啊！诗歌！世间美乙：所以请一定不要忘了投票哦甲：请XXX进入导播间	
2.1	20:05:11	4分钟	男演员登场，甲串词，男演员互动介绍女演员	主舞台	Logo演绎	男演员女演员			《好汉歌》伴奏	【竖版】下面进行女演员吐槽时刻	手卡	甲：嘿嘿——樱花学院……甲：有点小期待呢甲：只有5分钟哦！	
									转场炫技Solo	转场Logo			
3	20:09:11	5分钟	女演员吐槽时刻男演员导演监视+互动	女直播间男播间	Logo演绎	无				【竖版】女演员吐槽时刻		男演员：大家的表现都好棒啊，但是XX说话……	
3.1	20:14:11	30秒	甲公布投票数男演员去女演员房间甲介绍"女演员的99问"规则	从男主播间到女主播间	Logo演绎	无		计时提醒	期待音乐	【竖版】下面进行女演员99问【竖版】喜欢女演员就赶紧给她投票吧		甲：通过网友们的积极投票…男演员：选择……甲："女演员99问"又出现了甲："女演员99问"，现在开始	
										Logo演绎			

流程台本是一切现场工作的基础。在一次直播活动中，很多部门需要共同协作，流程台本就是实现各部门共同协作的工具。它能够全面地体现一次直播对内容、时间、技术等方面的要求。

◆ 连线与对话

直播中经常会涉及连线活动。主播与他人的互动通常会提高直播间观众的观看热情，让直播热度飞速上升。连线的过程也会极大地影响主播的粉丝量。

在连线设计中，我们首先要保证时间安排的准确性。因为很多观众希望看到主播与其他人的精彩互动，会准时进入直播间观看或参与连线活动。一旦时间安排不准确，或者因为各种原因导致连线失败，会让观众非常失望。

在连线中，尽量保持一个近景机位，不用切换其他机位。同时连线双方要尽量有差异化的场景设计，能够让观众感受到连线活动中不同人物的特点。

连线的内容需要双方提前沟通好。如果是问答形式或者交流形式，尽量要保证前期沟通时安排好双方讲话的内容或时间。避免在连线过程中只有一方单向输出，另外一方说话时间少或内容不够丰富，影响直播效果。

◆ 电商直播

电商直播是当下最火热的直播类型之一，因为它能够直接变现。有些电商直播会在"双十一"这种特殊的日子里创造上千万元甚至上亿元的销售额。因此，电商直播的形式和流程设计是非常重要的。

设计电商直播方案时，我们首先要控制每一个商品的展示流程。直播时，每一种商品的展示都应有区别，从美妆、服装、美食到数码，在细节展现方面要各有特点。商品从外观到功能的展示必须控制在规定的时间内。因此，主播必须对直播时要展示的商品非常了解。如果是名人主播带货，那么助理主播必须要和名人主播进行充分的前期沟通。尽管这样做的难度很大，但是绝不能发生没有沟通就开播的情况，那样很可能会发生直播事故。在展示美妆、美食、数码等类型的商品时，通常会安排试用的环节，这需要主播提前熟悉商品的功能和用法。

电商直播有时需要配合短视频或图片来说明商品的特点。此时，主播经常会在绿幕前直播，以让短视频或图片在虚拟背景中播放。当然，有些更专业的团队会直接在LED屏幕前进行直播，这样就能在屏幕上实时播放需要展示的视频或图片。

电商直播一般会提前24~48个小时发布预告，这样能有效地增加开播时的观众数量。在直播过程中，需要有专门的工作人员对商品的上架、改价等进行实时的维护。同时，主播也应随时关注观众的评论，和观众及时进行有效互动，让观众更有参与感，加深观众对商品功能和特色的认知，进而提升直播的转化率。同时主播可以设计一些简单的非销售活动，例如游戏环节，让观众感觉自己并不仅仅是在看广告，这样可以增加观众的观看兴趣。

以上便是直播开始前的必要准备。但是直播应当如何具体设计机位？如何搭建虚拟背景？如何布光？这些问题我们需要在第10章中好好研究。我们充分了解直播流程和直播方案设计后，就要开始做搭建直播环境的具体工作了。

10

直播环境

在搭建一个具体的直播环境前，我们要先考虑直播内容。毕竟所有的硬件都是为内容服务的。总体来说，我们把直播分为个人化的轻体量直播和团队化的专业直播两种类型。在场地需求和硬件设置上，这两种类型的直播在很大程度上存在不同。大部分的个人才艺直播、游戏直播等，都属于个人化的轻体量直播，这种类型的直播主要依靠手机或单一电脑进行。名人直播、电商直播、网络综艺直播等则属于团队化的专业直播，需要使用摄影机及电脑推流。

10.1

直播场地

无论是个人直播还是团队直播，选择一个合适的直播场地都是很重要的。我们可以从以下几个层面来评价直播场地是否合适。

首先就是声音条件。一个安静的场地是成功直播的首要条件，毕竟谁也不想在直播时突然被噪声干扰。尽管我们可以用话筒尽可能地只收录人声，但是依然不能完全避免噪声，尤其是突然出现的噪声。但有些直播可能会在现场进行，比如在农田、卖场等进行的直播，这时就不必强调直播场地应绝对安静，适当的环境音反而能增强直播的现场感。当然，大部分直播是在室内进行的，室内环境尽量不要过于空旷，不要对着一面墙或者玻璃直播，否则会产生很大的回音。

在进行电商直播时，一般会为场景单独布光，所以直播场地的基础照明条件并不是我们考虑的首要因素，只要直播场地足够容纳所需灯具即可。

场景一般以中性色为主要基调，服装、美妆类直播不要用颜色太鲜艳的背景，否则容易影响观众对产品的判断。但是电子产品或其他对颜色不敏感产品的直播间可以采用鲜艳的背景，以更快地吸引观众。

我们可以根据产品的内容和卖点，制作一些合理的背景板或小摆件。利用明显的文字标签让观众在第一时间了解产品的卖点和价格。在产品较多的时候，我们也可以用置物架或龙门架将产品摆放整齐，让观众能够感受到直播间的产品内容丰富。

10.2

直播时的拍摄设备

◆ 手机

手机直播有时候确实方便！但是在使用手机进行直播时，除了对最基本的手机处理器性能进行考虑以外，我们还需要关注对直播有影响的一些其他性能。

手机后置摄像头其实并不太影响直播的效果，但是手机前置摄像头的性能是必须关注的。有些手机后置摄像头性能很强但是前置摄像头的拍摄角度很小，这在直播时就会导致画面非常局促。一般来说，手机前置摄像头的拍摄角度最好大一些，这样直播时能够更自由地放置手机。

手机屏幕大小也是需要考虑的因素。因为我们在直播时需要经常和观众互动，更大的屏幕可以更好地看到观众的评论，以及更方便地使用各种直播功能。但是较大的屏幕也更容易带来手机续航时间的减少和发热等问题，我们需要准备好电源和散热器，让手机可以完成较长时间的直播工作。还有，直播时一定要准备手机支架或手柄，就算手持直播也不能一直攥着手机。如果一直手持可能会导致手机散热不畅，让手机变得卡顿。当然，使用带稳定功能的手机支架更好，有些手机支架还支持自动跟踪人物，让主播一个人就能轻松直播。

◆ 摄影机

摄影机是开展直播活动时的主力军。这里我们谈的摄影机是包含微单在内的各类能够拍摄输出动态影像的机器。事实上，我们不用太担心摄影机的性能，基本上现在市面上的摄影机都支持输出1080P甚至4K的视频信号。在使用摄影机直播时，我们只需要购买一块"假电池"（电池形状的外接电源，可在电池插槽中持续供电）给摄影机供电即可，因为一般摄影机的电池不能支持长时间的直播活动。如果是业务级的摄影机，那就再好不过了，其电池完全可以支持直播活动的开展。

在将信号输出到电脑时，大多数会使用HDMI接口。而大部分摄影机采用的是Mirco HDMI接口，因此我们需要一根转接线，将摄影机输出的视频信号输入电脑或导播台。

直播时一般建议使用28—50mm镜头拍摄，这样能让主播更有亲近感。注意镜头焦距不能太短，否则会导致人物在画面中变形。

10.3

直播时的光线

相较于摄影机,直播时的光线设置更加重要。我们可以发现布光前后的直播间(图10-1)有非常明显的差别。

图10-1 未布光前的画面(左)和布光后的画面(右)对比

前文已经介绍了灯光的基本布置方法,下面给大家讲解一些实际的直播间布光案例。

◆ 突出美化人物

对于人物,首先要保证光线足够柔和。除非希望呈现非常戏剧化、个性化的效果,对于大部分人物而言,我们都要采用柔和的光线作为主光。

我们通常借助大型柔光布、柔光纸或者一体化的柔光箱搭建主光。利用支架,将柔光纸大面积地铺设在人物两侧或人物上方,然后使用300W以上的LED聚光灯照射。大型柔光布在布光中的应用及拍摄画面如图10-2、图10-3所示。

图10-2 大型柔光布在布光中的应用及拍摄画面(1)

图10-3 大型柔光布在布光中的应用及拍摄画面（2）

　　我们也可以直接将抛物线柔光箱放置在人物斜上方。如果需要压暗背景，我们可以在柔光箱前加装蛋格格栅，让光线集中照射人物，不照射背景（图10-4）。

图10-4 抛物线柔光箱和蛋格格栅在布光中的应用

◆ 营造气氛

我们可以利用彩色灯光让直播间气氛更符合直播的主题。

对于颜值才艺类直播，我们可以在主播身后放置一个暖色聚光灯，让灯光照亮人物的轮廓，产生"神明少女"的效果（图10-5）。暖色聚光灯的放置位置可以是人物正后方也可以是人物斜后方，但要保证照射到人物头部，让头发边缘产生轮廓光。有些家用射灯也可以达到类似的效果。

图10-5 颜值才艺类直播，主播在逆光下表演

对于游戏科技类直播，我们可以用彩色LED灯带或灯管在背景中打出冷色光线，营造科技感（图10-6）。但是要注意灯光的光比，我们应让每个灯光仅照亮固定范围，形成重点照明，而不是把整个直播间都照亮。

图10-6 科技类直播（电子产品评测直播）

在一般的直播活动中,我们还可以在背景中放置一些好看的台灯、灯串、蜡烛灯等发光道具(图10-7)。这些发光道具会让整个画面变得灵动,充满生气。

图10-7 直播背景中的发光道具

10.4

虚拟背景

虚拟背景的原理是通过对视频画面中单一颜色的排除形成一个遮罩蒙版,并以其他内容将其替换。简单来说,虚拟背景就是让人物位于一个单色背景前,然后在直播中将单色背景替换成我们想要展现的内容。在大部分情况下,我们会使用绿色背景,因为绿色和人物的肤色差异较大,而且在数字摄影机中绿色像素分布最广,抠像时噪点较少。

在电商直播中,非常多的主播选择使用虚拟背景进行直播。一方面,虚拟背景可以用于展示很多商品信息,在介绍的不同商品过程中可以快速切换,省时省力;另一方面,虚拟背景可以用于展示商品特写,让观众对商品一目了然。然而,虚拟背景一旦布光错误或使用不当,就会导致抠像失败,让人观感很差。因此我们需要了解一下虚拟背景的设置方法。

◆ 虚拟背景布置

用于拍摄制作虚拟背景的绿幕要距离人物稍远，一般会超过2m，因为一旦人物距离绿幕太近，绿色的光线就会反射到人物身上，导致抠像有瑕疵（图10-8）。

绿幕的材料一定是哑光的，不能选用反光度过高的材料。

绿幕一定要平整无褶皱。如果用布制的绿幕，可以用挂烫机尽量熨平，再用重物或夹子固定底部。我们也可以使用Rosco专用的绿屏油漆在墙面涂刷，效果更好。

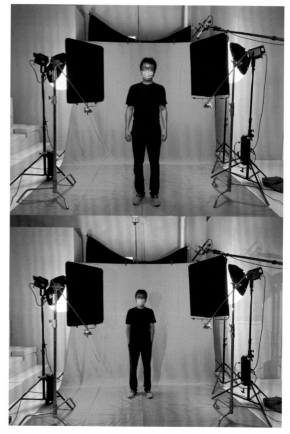

图10-8 人物在距离绿幕较远的位置（上），如果太近会造成阴影和人物边缘存在绿色反光（下）

◆ 虚拟背景布光

原则上，虚拟背景（绿幕）的光照度要比前景更亮一些。虚拟背景需要采用柔光灯进行布光，让光线尽量均匀地照射在整个虚拟背景上。采用LED灯加柔光球也是一个很好的选择。如果有彩色LED灯，我们也可以将纯绿色的光线打在绿幕上，这样可以避免一些小褶皱和阴影导致的光线不均匀。

照射绿幕的光线尽量不要反射在人物身上。如果人物身上有绿色的反光，我们可以用轮廓光照亮人物边缘，抵消绿色反光的干扰。

同样，人物布光也尽量不要干扰背景。我们可以让照亮人物的光源稍高一些（图10-9）。如果光源太低，人物的影子就会出现在绿幕上，干扰抠像。

图10-9 使用较高的光源为人物布光，避免虚拟背景上出现阴影

◆ 虚拟背景制作

我们在制作虚拟背景时，可以采用导播台（图10-10）或软件进行抠像。我们以Black Magic Design公司的ATEM系列产品为例。当需要抠像时，我们打开【填充源】，选择拍摄人物的摄影机。

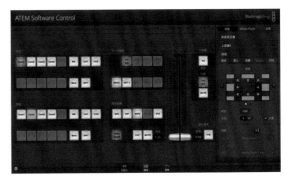

图10-10 导播台

单击【色度采样】按钮，并在坐标面板上选择抠像的背景颜色（图10-11）。选择后，我们可以在预览的输出中看到采样的位置。采样的位置一般为背景中比较暗的区域或比较靠近人物的区域，这样能够更好地选择颜色。

图10-11 【色度采样】界面

选择好背景颜色后，我们就可以在【填充源】里面选择想要填充的背景（图10-12）。这个背景往往来自另一台电脑输出的视频信号。我们可以提前用演示文稿或图片做好背景，甚至可以提前准备一段视频，通过另一台电脑在背景中播放。

图10-12 ATEM软件媒体库，即填充源

抠像的过程中如果出现背景不均匀或局部没有"抠干净"的情况，我们可以通过调节【键控调整】选项对抠像效果进行微调。但是如果人物身上出现了绿色溢出的现象，我们需要通过调整【色度校正】选项中的【色偏】及【光晕抑制】来移除人物边缘溢出的绿色。

至此，我们就得到了基本干净的前景人物。此时我们只要在导播台上按下【KEY】按钮即可激活色键。背景可以通过接入任意一路HDMI信号接入导播台，我们便可利用导播台控制或切换不同的HDMI信号来更换背景（图10-13）。

图10-13 利用导播台切换不同的信号，并更换背景

10.5

监听与监看

在团队直播中，监听与监看太重要了！

比如在一次直播过程中，主播突然临时需要连线，但是没有准备多余的监听音轨，主播无法听到对方声音。如果打开现场返送声音又会出现很强的回声。这时只能现场打开一点点微弱的返送声音，主播在回声中非常尴尬地完成连线。在直播过程中，主播如果能通过监看画面看到自己在镜头中的样子，其状态和表现可能会好很多。在监听与监看的设计中，我们必须要考虑现场多个不同岗位工作人员对其的需求，并且有冗余，这样才能保证直播顺利进行。

◆ 多机位监视器

在多机位直播中，导播需要随时观察每个机位的情况。通过多机位监视器，导播可以和各机位的摄影师沟通，并随时切换到最适合播出的机位。

一般来说，导播台都自带多机位监视器输出功能。例如对于ATEM系列导播台（图10-14），我们可以通过Multiview的输出接口直接输出每个机位的画面到监视器上，并通过软件调整每个小画面的监视内容，同时可以看到预览监视和节目监视两个信号源的输出情况。

图10-14 ATEM系列导播台

如果导播台没有多机位监视器,我们可以用多合一的HDMI信号转接盒,将多路信号合并在一起,同样可以实现在一个屏幕上进行多画面监看(图10-15)。

图10-15 合并多路HDMI信号进行多画面监看

◆ 节目监视器

除了多机位监视器,我们还需要将节目的播出画面单独放在一个监视器上,这个监视器可以让所有工作人员看到目前节目的输出状态。节目监视器根据不同需求可以显示纯净信号或加载包装后的最终输出信号。

一般来说,主播想在现场看到纯净信号,此时我们可以将导播台切出的信号通过信号一分多转换器分别输出给推流采集盒及返送节目监视器。我们将节目监视器放在主机位旁边,这样主播就可以随时看到自己在镜头中的状态(图10-16)。

图10-16 利用节目监视器返送直播画面

我们可以通过另一台节目监视器获得推流电脑的输出信号，也就是在软件中加载包装后的信号，这个信号主要用于工作人员观察观众最终看到的画面效果（图10-17）。

我们还可以单独设置一台节目监视器，将观众评论的部分单独输出。主播通过这台节目监视器看到观众评论，以便更好地和观众互动。但是有些直播平台的观众评论输出存在一定的时滞，这时可以让主播放一部手机或PAD在桌面上，并进入直播间，以保证第一时间看到观众评论。

如果涉及和其他主播的连线，我们可以直接让摄影机旁的监视器输入直播软件的电脑信号，这样主播就可以像使用手机一样面对着屏幕和连线嘉宾交流。但是此时一定要确保主播能够单独听到连线嘉宾的声音。

图10-17 工作人员监看包装后的信号

◆ 返送音频

除了视频返送，现场的音频返送也很重要。一般音频信号都是通过无线麦克风直接接入调音台的。当然，也可以直接输出到导播台。不同的音频信号会被分成不同的轨道在调音台中混合，然后以适当的音量输出到最终的直播信号中。

此时，工作人员可以通过调音台的监听输出，直接听到最终输出的音频。但是如果存在连线的情况，那么主播也需要听到音频。请注意，这里主播和工作人员听到的不仅是自己的音频，还有连线之后对方的音频。

我们可以通过声卡和音频分线器，将直播推流电脑的音频信号返送给工作人员和主播。主播可以通过耳机直接听到对方的声音。此时一定要避免音频的外放，否则会产生回音，干扰正常的对话。

总之，搭建直播环境涉及的要素非常多，我们需要通过对直播内容和需求的分析，适时调整信号源、输出、灯光、场地等要素。千万不要刻舟求剑，直接照搬，一定要学会灵活变通地进行每一个直播场景的搭建。

开始直播

终于，我们搭建好了直播环境，可以正式开始直播工作了！本章将为大家梳理一下在直播过程中需要做的每一件事。

11.1

开始前检查

直播比短视频节目制作更难之处在于它不能有任何失误。一旦出现失误，给观众造成的不良体验是灾难性的且无法挽回的。如果直播时出现信号中断、卡顿等问题，观众瞬间就会大量流失。毕竟在新媒体时代，谁也不愿意对着一个黑屏看上超过哪怕十秒。因此，我们需要在直播开始前对各个技术环节做充分的检查。并且，越重要的直播，我们越要进行技术上的冗余准备。通俗地说，对于需要的一个东西，我们要准备两个，以备不时之需。

◆ 硬件检查

直播开始前，我们需要打开每一台摄影机检查其状态，尤其是要核对每一台摄影机的白平衡设置及色彩选项。我们在直播时要尽量采用同一型号或同一品牌的摄影机，在摄影机的色彩选项中要选择一样的色彩空间和色彩亮度曲线（Gamma），并保持统一的白平衡设置。如果在某些特殊机位需要改变白平衡设置，那么一定要通过同一台监视器核对调整后的效果，确保机位之间不会出现较大的色彩变化。

摄影机之间要通过灰卡或监视器示波器等方式，使曝光一致并将其锁定。在调整曝光时，尽量先固定快门速度为1/100s，这样所有的画面可以有统一的运动模糊效果。调整好后，我们还要在导播台中多切换几次，或者在多机位监视器中检查画面效果是否一致。

除了对摄影机画面的检查，我们还需要对摄影机的电池和供电情况反复进行检查。在长时间的直播中，有些机位如果需要更换电池，那么对于备用电池的电量我们也要进行检查。我们当然希望摄影机都接通交流电进行供电，但是有时候布线会非常困难，或者在直播过程中需要移动摄影机，只能采用电池供电。因此，事先多准备一块电池总没有坏处。

在检查硬件的过程中，我们要反复确认所有用电设备的供电情况，无论是导播台、摄影机或灯具。布线时一定要做到安全整齐，地面的走线可以用大力胶（布基胶带）固定，防止工作人员在走动被线绊倒或者带倒设备。电源一定要用大力胶贴牢固。如果是户外直播，一定要在电源处打印提示标语，防止有人随意插拔电源导致直播事故。当然，我们还需要在布光时考虑用电安全，计算灯具的功率，防止因为功率过高导致跳闸。

最后，我们要检查录音设备，尤其是无线话筒在场地内是否会受到干扰。有时太多的信号在场地内可能会导致无线话筒发出的声音时断时续。这时我们需要通过切换无线话筒的频率或者通过使用有线话筒来保证声音质量。话筒的连接线要远离电线，防止产生干扰。

◆ 网络状况检查

开始直播前，我们应该确定场地的网络状况。一般来说稳定的直播需要100Mb/s以上的网络速度。我们可以通过Speed Test等测速网站进行网络速度测试。如果本地网络无法达到网络速度要求，可以使用4G/5G移动网络进行直播，但也要在信号较好的地方提前进行网络速度测试。

在进行直播推流的过程中，我们应尽量使用有线网络进行。我们要提前检查网线是否连接好，并且尽量让网线远离电线，千万不要用大力胶把它们固定在一起，否则会对信号产生干扰。

在直播开始前我们可以重启路由器，防止因为路由器已经运行了较长时间而导致网络卡顿。

◆ 直播流程确认

在开始直播前，我们要和主播及现场工作人员确认所有的直播流程，通过流程台本核对直播的内容。在一些需要移动摄影机及变化灯光的关键节点，我们需要提前进行彩排。我们可以用大力胶在地面标记主播的位置，防止主播在走动后偏离画面中心。如果有互动或连线环节，我们还应该提前对连线内容进行确认。

11.2

直播状态

做完开始前检查，接下来就要开始正式开播啦！在直播过程中，最重要的就是主播的状态。虽然这并不是制作环节能够左右的事情，而是更依赖主播的个人能力，但我们可以通过提升主播的一些关键能力来迅速调整主播直播时的状态。

◆ 主播的基本修养

如果说对于主播最基本的要求是什么，那我一定不会认为是出众的外貌。尽管颜值类主播可能大多是依靠外貌来吸引观众的，但是任何美好的外表如果没有优质内容的依托，也无法持续吸引观众。

作为新媒体直播的主播，最基本的修养应该是亲和力。

亲和力是一个很抽象的概念，我们可以将其理解为"不招人讨厌"。不同的主播可能风格不一，但是无论是神态还是语言，主播都应该表现得亲和友善。流畅准确沟通是很重要的，因此主播一定要说标准普通话。

同时，主播的抗压能力一定要足够强。无论出现任何突发情况，主播都要认真完成流程台本上的既定内容。因为主播是整个直播团队唯一的内容出口，在观众面前，主播是输出内容的人。所以无论面对怎样的压力，主播都需要积极调整，保证内容的输出。

主播要增强自己的理想信念，有了这个根基，主播在直播时便能充满动力。主播要了解直播行业分享传播的价值，无论是分享生活方式、娱乐方式还是探索壮美的风景、推销地道的土特产……对于内容方和观众来说，都是非常有意义的。

◆ 与观众互动交流

在直播过程中，主播要随时和观众进行积极的互动交流。主播与观众的互动交流主要分为以下几种类型。

开场：直播开始后的前半小时是重要的预热时间，一般主播都会用热情的欢迎语及专门准备的小节目来预热。同时主播或其助理应该随时向观众预告今天直播的重点内容，留住观众。

直播中：主播应该随时关注观众的留言，并及时回复观众的问题。如果一味地完成直播的内容或者一直表演节目，并不能引起观众更强的观看欲望。在直播互动中，主播可以设计若干小游戏，与观众进行正向互动，激起观众的观看欲望。在电商直播中，主播还要随时关注商品库存和价格，并结合商品与观众互动。

结束前：为了吸引观众再次观看，主播应该提示观众关注直播间账号或加入粉丝团。针对忠实观众，主播还应当进行简单的深度沟通，让观众感受到主播对观众的重视。最后主播可以通过事先设计的一两个小游戏，吸引观众观看到直播结束。

◆ 控制节奏和时间

广播电视的直播追求所谓的"正负零秒"，也就是让节目在正确的时间开始，并在正确的时间结束，在时间上不能有任何偏差。在新媒体直播中，同样要尽量保证准时开播。任何类型的直播如果延迟进行都会导致观众的流失。

除此之外，直播中的各个环节经常出现比预计时间更长或更短的情况，比如嘉宾迟到或者有些环节难以把控时间。这时我们就需要通过一些设计好的"皮筋"环节来调整整体节奏。例如可以事先设计一些游戏环节或者抽奖环节，时间可长可短，以便在直播时根据现场情况选用。

11.3

突发情况

一旦直播中出现突发情况，千万不要慌张，除了事先做好充分的技术冗余准备，我们面对突发情况时的心态和操作也是非常重要的。

◆ 硬件故障

一般来说，单个硬件故障不会导致系统崩溃，除非是推流电脑死机（这不是没有可能的）。所以我特别强调冗余的重要性。越是重要的直播活动，越要设计冗余的硬件系统。如果单个摄影机或话筒出现问题，我们可以用其他设备立刻切换。但是如果我们的导播台或推流电脑出现问题，那可能就无法挽救了。同样，如果网络连接中断，我们也无法继续直播。

为了应对这种最极端的情况，我们需要准备一台备用的手机，随时准备切换到直播App进行手机直播。尽管手机直播可能无法取得较好的画面质量和声音效果，但是总比长时间的画面卡顿或直播中断要好得多。我们也可以将手机接入监看系统，让现场工作人员随时观看直播互动的状态。此时，我们应该立刻着手修复电脑或导播台，将硬件重启。一旦系统恢复正常，我们又可以从容不迫地切换回正常的直播模式。

为了应对硬件故障，我们还是应该尽量留出技术冗余，不要将直播电脑的性能发挥至极限，不要在直播的同时运行一些极为占用系统资源的应用。如果进行游戏直播或类似的操作演示，还是应该尽量使用两台电脑分别进行操作和直播，这样能保证直播的稳定。

◆ 直播流程失误

典型的直播流程失误就是原本设计的环节无法实现。产生这种问题主要是由人为因素导致的。很多时候因为迟到等种种原因，预先设计好的直播环节并不能准时呈现，前后环节无法衔接。我见过的一个比较极端的案例就是主持人和嘉宾起了冲突，导致嘉宾拂袖而去。在这种极端情况下，直播应急预案就显得十分关键。

直播方案中都会有部分环节无法实施时的应急预案。这些应急预案给出的应对方法通常有两种：一种是通过延长或缩短某个环节的时间，将直播内容带回正确的时间安排上；另一种就是通过调整各环节的顺序，顺畅地进行直播，这需要现场导演迅速做出判断，在短时间内做出决定。现场导演决定更换某些环节的顺序后，需要通过提词器或提示板告知主播，也要通过内话系统告诉现场工作人员。所有人都在主播的自然引导下进入变更后的直播环节，让观众不觉得出现了任何直播失误。

以上就是直播制作的全部内容了。当然，在直播中可能遇到各种各样的突发情况，或者有各种各样的直播需求，我们都需要通过第9章至第11章中介绍的这些最基本的原则来解决可能遇到的种种问题。随着技术的进步，直播制作也会越来越轻松简单。如果你有想要直播分享的冲动就应该立刻行动，将优质的内容制作成一次成功的直播吧！

短视频故事片
前期筹备

我相信无论哪种影视艺术作品的创作者，大部分人都向往电影。毕竟电影作为所有影视艺术的起源，在（影视）艺术层面上是无出其右的。电影除了具备产品属性外，更有艺术属性。尽管短视频如今已经成为大部分观众最常观看的影片形式之一，但是仍然有很多创作者希望在短视频中加入电影的元素。我们也发现各种短视频平台都在尝试推出短视频故事片项目。

事实上，剧情短片并不是一个新生事物，从各种电影节的短片奖项，到Web2.0时代开始流行的微电影（事实上就是电影短片），再到现在的短视频平台上的各种短视频故事片，所有这些内容都有着基本相同的制作规律。当然，在不同的时代和平台上，剧情短片的观众是不一样的，观看媒介是不同的，因此视听语言也会有一定程度的变化。

在短视频平台上，短视频故事片的内容更加紧凑，"玩梗"的现象也变得更多。不同于严肃的电影短片，短视频故事片更需要快速切中观众喜好，用更快的节奏吸引观众。这也给创作者提出了更大的挑战。对于年轻创作者或业余爱好者来说，短视频创作门槛更低，由算法推荐的观众更精准，随着创作频率的增加也更容易出现"爆款"。在制作短视频故事片的赛道上，创作者有着更公平的机会。

那么，就让我们从头开始，创作出属于自己的短视频故事片吧！

12.1

叙事的艺术

◆ 叙事的艺术

在许多情况下，讲故事都是一项我们必须掌握的技术。哪怕是平日聊天、做工作汇报，或是售卖一件产品，我们都要掌握一定的讲故事的技巧。自打艺术诞生以来，人类的艺术作品中或多或少都有故事的元素。无论是清醒还是在做梦，我们都在经历着、倾听着无数的故事。故事性是普通观众评价影片的第一要素，因为观众也许不能读懂深刻的视听语言或体会摄影美术风格，但他们一定能读懂故事。

故事的入口很低，但是出口很高。每个人都能理解故事，但是每个人对故事的理解可能不同。对于同样的故事，不同经历的人可能会有不同的解读，所以故事的写作变成了一件看上去容易实际上非常复杂的事情。尽管我们从小就学习写作文，但是在这里我们需要从影视文学的角度，重新理解故事写作中的一些核心问题。

◆ 主控思想

罗伯特·麦基在《故事》一书中将主控思想定义为"一个能表达故事的不可磨灭的意义的明白而连贯的句子"。我认为这是一个非常有启发性的定义和观点。你或许会发现，好故事往往可以总结为一句强有力的话，而那些冗长的、庸俗的、空洞的故事，往往不能用一句精彩的话加以概括。

这种"一击制胜"的能力在短视频故事片的创作中尤为重要。毕竟，短视频故事片可能只有短短几十秒到几分钟的时间。在这么短的时间内，我们既要吸引观众，又要传递一个让观众印象深刻的主题。那么我们就必须牢牢把握住影片的主控思想，任何镜头、台词、场景等都要围绕这一主控思想展开。

主控思想中一般会包括人物、动机，以及人物要实现的目的或者所受的阻力。例如我们可以写一个有关"主人公小张原本希望通过送外卖攒学费，却因为交通事故与富家千金相识，最终依然坚定地通过学习努力提高自己"的故事。你看，在这样的主控思想里，我们确定了主人公与其他人物的关系，也明确了主人公的动机和目的。这里要特别注意，故事的主人公一定是一个有主观能动性的人，他不能随波逐流，更不能做出有违主控思想的行为。尽管有时主人公可能无法摆脱人性的弱点，但是他最终还是要回归我们已经设定好的主控思想之中。

发掘主控思想的方式有很多种，其中最重要的一种是通过结尾来反推主题。看看你的故事结尾吧，为什么你的人物要这样做？为什么事情会变成这样？通过思考这些，主控思想便会自然而然地被发掘出来。

◆ 悬念设计

由于时长限制及观众观看短视频故事片的耐心非常有限，我们需要将重要和精彩的内容放在整个故事的最前面。可是这种前置又不能完全暴露故事中最重要的环节。因此，如何在故事开头设置悬念就成为创作短视频故事片时需要重点思考的内容。

悬念设计的重点在于"问题前置"，即把故事中的核心矛盾放在整个影片开始的位置。这种核心矛盾可以是一句话，例如，"如果你能办得到，那我就把这辆车送给你！"通常，在听到这样一句话时，我们会很想进一步了解具体内容。

或者，我们可以设计一个充满力量的动作，这个动作会引导观众不得不关注人物的命运，例如典型的"最后一分钟营救"。影片开始时，为观众展现一个危险的情景，让观众牢牢地关注主人公在这一情景下的命运。再通过插叙的方法讲述故事的背景，这样能够更好地提高影片的完播率。

当然，除了悬念前置，在故事的发展过程中我们也需要不断增强观众对高潮情节的期待感，让观众永远处于想知道"他到底能不能实现自己的目的"的期待之中。这种期待能促使观众持续观看，并在剧情悬念破解之后大呼过瘾。

最后，如果你的短视频故事片的情节是连续的，请不要忘了一定要在影片结尾留下悬念。

这个悬念会吸引观众关注你的账号，期待接下来的剧情。并且，这个悬念还可能成为你下一个短视频故事片的开头。

◆ 故事节奏

讲故事的过程是一个高级的思想交流过程。在这个过程中，我们无法一直输出内容和情绪，而是更多地关注对方是否听懂了我们想表达的内容。换句话说，我们想表达的内容是否达到了"彼岸"。

试想一下，如果一个人一直对你絮絮叨叨说个不停，可能听了一会儿你就累了，脑子里就无法容纳更多内容了。但是如果有人向你说了一句重要的话以后，又意味深长地看着你笑了一下，你会不会因此特别留意这句话的含义呢？抑或是我们在听评书的时候，表演者会很好地控制每一句话之间的停顿，尤其是当悬念被设置好以后，他的每一句话都会扣动我们的心弦，让我们不得不好奇后面到底发生了什么。

节奏对于故事的讲述和传播是非常重要的。错误的节奏会让所有精巧的设计功亏一篑。众多优秀的剧作教程中都有一些关于节奏的经典论述。例如罗伯特·麦基的《故事》或者布莱克·斯奈德的"节拍表"，他们都对剧作中如何处理节奏和结构有很精妙的论述。这些内容可以很好地展现在时长为5分钟左右的短视频故事片中。在短视频故事片中，我们可以采用传统三幕剧的形式来设计情节点（图12-1）。只不过我们需要删除辅线故事并删减很多细节。

激励事件

时间线	第一幕	第二幕	第三幕
	25%	50% 75%	100%
	情节点I	中点 情节点II	

图12-1 传统三幕剧的节奏图

但是，上述观点有时候并不一定适合时长在1分钟以内的短视频故事片。时长在1分钟以内的短视频故事片的传播规律证明，影片必须在开始的前几秒（根据平台推荐算法，有人说是6秒，但是这是一个长期存在的谬论）吸引住观众，否则观众就很可能放弃观看。同时，短视频故事片和广告类似，在短时间内只能建立一个有效的反转，让观众大呼过瘾。这个反转一般建立在影片的中点。1分钟短视频故事片的节奏设计可参考图12-2。

时间线	吸引眼球	建置内容	反转剧情	解决危机	总结内容	引流推广
	0s 6s		25s	35s	45s	55s 60s

图12-2 1分钟的短视频故事片节奏图

对于时长在1分钟以内的短视频故事片，我们要将故事背景和人物性格与人物的服装、影片的场景相结合。尽量缩减观众对其他内容的关注，把所有的力量都集中在最后一刻爆发。这种短视频故事片更像是电影中的"一场戏"。它从正面走向反面，又从反面走向正面，在一场戏中完成一次剧情的转折。

一些短视频故事片也会使用音乐来帮助建立节奏。音乐天生就是带有节奏的，因此当故事恰好与音乐的副歌部分重合时，演员的表演效果会更好。只要我们找到合适的音乐，便可以很轻松地找到合理的故事节奏。

12.2

制片准备

剧本完成后，我们便可以进入制片准备阶段。事实上，制片工作对于一部影片而言有时候比导演工作更加重要。独立制作影片时，制片工作的重要性并没有如此显著。但是一旦涉及多人的合作及更大规模的制作时，制片的重要性便凸显出来。

◆ 拍摄周期与通告单

大部分短视频故事片都会在一天内拍摄完成，但是如果我们拍摄的短视频故事片对于场景和时间有特殊要求，那可能不得不分多日拍摄。一般来说，成熟的剧组在一个正常工作日内能拍摄完成的镜头数量为15~30个。如果超过这个镜头数量，就可能需要加班拍摄或降低一部分镜头的拍摄质量。例如，如果我们对于光线要求比较严格，那么早上10点到下午2点这个时间段是不宜安排外景拍摄的。因为太阳高度角太大，会在人物身上形成难看的光影。

一般来说，短视频故事片的制作都是先拍摄涉及人物最多的场景。一般这样的场景需要更多的时间进行场面调度和表演。演员也可以在这样的场景中尽快熟悉人物关系及进入表演状态。因此，我们可以根据先多人物后单一人物的方式安排拍摄计划。同时，如果涉及多个场景的拍摄，我们也应该先拍摄重要场景，再拍摄其他场景。每天刚开始拍摄时，整个剧组的状态是最好的，此时拍摄难度较高的重要场景有利于保证拍摄质量。如果待到大家都已经倦怠时再拍摄重要场景，演员和现场工作人员都不能展现出最好的工作状态。

在制定好拍摄周期后，我们会制作一张通告单（图12-3）下发给剧组的全体成员。通过通告单，所有人都可以清晰地知晓拍摄顺序、自己的到场时间，以及要准备的拍摄内容。甚至在有些通告单上，我们可以看到当日的天气情况或转场地点，这对整体制作都是很好的参考。

拍摄计划通告
SHOOTING SCHEDULE

拍摄日期 Shooting day：			拍摄地点 Location：			
导演 Director：		摄影 DOP：	制片 Producer：			联系人电话：
天气 Weather：		日间：℃ 多云　夜间：℃　日出：　日落：				

Crew call 分组通告						
制片组/场务组				美术/道具组		
灯光组				服化组		
摄影组				导演组		
录音组				数据后期组/Qtake/DIT		

Cast call 演员通告						
主要演员1				主要演员2		
群演1				群演2		

开机仪式（全体人员）

时间	镜号	画面	画面描述	道具	演员	备注
12：00-12：30	午饭 （30分钟）					
17：30-18：00	晚饭 （30分钟）					

集合时间：

集合地点：

备注：　1. 所有剧组人员均在集合地点集合，按时开工

2. 疫情特殊时期，拍摄期间各组人员务必戴口罩，进场时量体温、消毒

3. 拍摄期间，禁止过多过近聚集交谈、室内吸烟

4. 望各组人员严格配合，顺利完成视频拍摄

图12-3 通告单

◆ 生活制片

生活制片是制片部门的重要人员。事实上,一个剧组的衣食住行都依赖制片组的规划和保障。在高强度的拍摄过程中,工作人员需要良好的饮食,以消除工作的疲惫。根据我的经验,拍摄现场如果有很好的饮食供应,整个剧组的士气在正常工作时间内都会非常饱满。当然,一个细心的生活制片甚至会关注每个工作人员的饮食习惯,准备合适的饮食,让大家感觉非常暖心。

除了饮食,拍摄过程中可能出现的许多情况也是生活制片需要关注的。拍摄现场应该准备一些必要的外伤处理用品,例如创可贴或绷带。这些用品会在某些时候发挥巨大的作用。在特殊的天气情况下,雨衣、雨伞、暖宝宝、热水袋、小风扇等用品也是生活制片应该考虑和准备的。这些用品也许并不会对拍摄起到关键作用,但是绝对会让剧组的所有工作人员感受良好,让拍摄能够高效顺利地进行。

◆ 预算

我们需要给影视制作制定一个有限的预算,以保证所有环节都在预算范围内进行。

一般来说,影视制作的预算分为线上预算和线下预算两个部分。所谓线上预算,就是指总体演员薪酬等变动较大、不可控的预算,而线下预算就是机器、场地等可控的预算。对于短视频故事片来说,几乎没有线上预算,绝大部分预算都是可控的预算。

预算主要包括前期准备、技术人员、演员、器材、场景制作、服装道具、画面后期、音乐后期、交通食宿等的费用。预算报价单如图12-4所示。

一旦有了精细的预算,我们就知道可以从哪些方面省钱了。我们如果算的都是糊涂账,就不可能知道从何处入手才能降低成本。

预算报价单

Client 客户		Executive Producer 监制
Product 产品		Director 导演
Title 题名		Production Manager 制片经理
Length 长度		Pre-light Days 预计打灯日
Language 语言		Studio Shooting Days 棚内拍摄日
Specification 规格		Location Shooting Days 外景拍摄日
Duedate 日期		Production term 制作周期

A. PRE-PRODUCTION COSTS	前期制作费	单价	数量（天/部）	Amount价格	说明
Creative Fee	创意费			0	
Storyboard Artist	分镜绘制			0	
Cab Fares / Hotel	交通/住宿			0	
Working Meals	工作餐饮			0	
Preparation before actual production	制作准备资料			0	
CASTING 试镜					
Casting Director	演员管理			0	
Photo,Video Tapes, & Film Stocks	相片,摄像机/影带材料			0	
Working Meals	工作餐饮			0	
Cab Fares / Hotel	交通/住宿			0	
LOCATION SCOUT 勘景费					
Car Rentals	租车			0	
Working Meals	工作餐饮			0	
Cab Fares / Hotel	交通/住宿			0	
	Sum Total / 小计			0	

B. PRODUCTION COSTS	工作人员技术费1	单价	数量（天/部）	Amount价格	说明
Executive Producer	监制			0	
Director	导演			0	
Production Manager	制片经理			0	
Line Producer	执行制片			0	
Production Co-ordinator	外联制片			0	
Production Assistant	制片助理			0	
1st Assistant Director	第一助理导演			0	
2nd Assistant Director	第二助理导演			0	
DOP / Cameraman	摄影指导			0	
Translator	掌机摄影师			0	
1st Focus Puller 1st	摄影大助			0	
2nd Focus Puller 2nd	摄影助理			0	
Camera Assistant	跟机员			0	
BTS cameraman	幕后花絮摄影师			0	
photographer	平面摄影师/侧拍师			0	
photographer assistant	平面摄影助理			0	
Steadicam Operator	摄影机稳定仪操作员			0	
Crane Grip	升降机操作员			0	
Autocue Operator	监视器操作员			0	
Specialists	特技组			0	
SPFX Operator	特技驾驶员			0	

B. PRODUCTION COSTS	工作人员技术费2	单价	数量（天/部）	Amount价格	说明
Gaffer	灯光师			0	
Best Boy	灯光助理			0	
Sound Recordist	录音师			0	
Sound Recordist Assistant	录音助理			0	
Art Director	美术指导			0	
Art Assistant	美术助理			0	
Set Designer	场景设计方案			0	
Props	道具师			0	
Props Assistant	道具助理			0	
Model maker	模型制作			0	
	置景组人工费用			0	
Stylist	造型指导			0	
Wardrobe	服装管理			0	
Wardrobe Assistant	服装助理			0	
Make-Up	化妆师			0	
Make-up Assistant	化妆助理			0	
Hairdresser	发型师			0	
Hairdresser Assistant	发型助理			0	
	特效化妆组			0	
Grip Assistants	场务组			0	
	Sum Total / 小计			0	

C. EQUIPMENT COSTS	器材费	单价	数量（天/部）	Amount价格	说明
Camera Package (4K REDONE Camera)	摄影机器材租金			0	
Special Lenses / Accessories Rental	特殊镜头以及辅件租金			0	
	摄影移动组器材租金				
Lighting Equipment Rental	灯光器材租金			0	
Grip Equipment / Accessories Rental	摄影与灯光耗材费用			0	
Camera-car	跟拍车摄影组			0	
	车拍配套器材				
Steadicam Equipment	稳定器或斯坦尼康			0	
Helicopter / Flying-cam Rental	航拍飞行器租金			0	
Tyler Mount w/out Gyros + Nose Mount	穿越机飞行器租金			0	
Generator Rental	发电车与发电机租金			0	
Sound Equipment	现场收音器材			0	
Grip Materials	场务器材及耗材			0	
	Sum Total / 小计			0	

图12-4 预算报价单(实际内容可能根据项目体量有所删减)

D. TALENT	演员费	单价	数量（天/部）	Amount价格	说明
	特约演员			0	
Actors principals1	主要演员 1			0	
Actors principals2	主要演员 2			0	
Actors principals3	主要演员 3			0	
Actors principals4	主要演员 4			0	
Supporting1	次要演员 1			0	
Supporting 2	次要演员 2			0	
Extra	群众演员			0	
		Sum Total / 小计		0	

E. LOCATION	场景费	单价	数量（天/部）	Amount价格	说明
Studio Shoot	场棚租金			0	
Studio Stage Construction	棚内场景搭建费用			0	
Materials & Supplies	置景材料费			0	
Studio Build/Strike	搭/拆景占棚租金			0	
Location Rental	实景场地租金			0	
Set Construction	户外场景搭建			0	
A/C & Electricity	空调和电费			0	
Trash Removal	场地清洁费			0	
	场地磨损/赔偿				
		Sum Total / 小计		0	

F. PROPS & WARDROBE	道具费及服装费	单价	数量（天/部）	Amount价格	说明
Props Rental	道具租借			0	
Props Purchase	道具购买			0	
Props Design	道具设计与制作			0	
	特殊道具租金			0	
Wardrobe Renta	服装租借			0	
Wigs & Mustaches	假发及假须			0	
Wardrobe Purchase	服装购买			0	
Costume Design	服装设计与制作			0	
		Sum Total / 小计		0	

G. Video Post Production	画面后期	单价	数量（天/部）	Amount价格	说明
Editor	剪辑师			0	
Color mixing	调色师			0	
Off Line Editing	粗剪			0	
On Line Editing	精剪			0	
ANIMATION	动画设计与制作			0	
D1/Paint Box/Henry/Flame	特效合成			0	
	包装			0	
		Sum Total / 小计		0	

H. Music Post Production	音乐后期	单价	数量（天/部）	Amount价格	说明
Music Cut Down	音乐剪辑			0	
Music Search	乐曲搜寻			0	
Music Copyright	音乐版权			0	
Sound Effect	音效制作			0	
Sound Mixing	混音			0	
Music / CM Song Composing	编曲			0	
Band	乐团			0	
Singer	歌手			0	
Voice Over Talent（Mandarin)	旁白（汉语）			0	
Voice Over Talent (Second language)	旁白（第二语言）			0	
Recording Studio Costs	录音室租用			0	
		Sum Total / 小计		0	

I. TRANSPORT & CATERING	交通膳宿费	单价	数量（天/部）	Amount价格	说明
Crew Vehicles	制作组工作人员车			0	
Camera Truck	摄影组器材车			0	
Electrical & Grip Truck	灯光组器材车			0	
Art Dept. Van	美术组工作车			0	
Make-Up / Hairdresser Trailer	服化组工作车			0	
Coach-Minibus	演员组工作车			0	
Client Minivan	客户座车			0	
Catering	餐饮费用			0	
Air tickets	机票/火车			0	
Hotel-Double/Single	酒店费用			0	
Miscellaneous	不可预见			0	

J. Media investment	媒介投放	单价	数量（天/部）	Amount价格	说明
Platform fee	平台费用			0	
Channel investment	频道投放			0	
		Sum Total / 小计		0	

	Grand Total 总计：	（未含税）	0
	税费		0
	Grand Total 总计：	（含 税）	0

图12-4 预算报价单(实际内容可能根据项目体量有所删减)（续）

12.3

勘景

有了预算,我们便可以根据剧本开展勘景工作。请注意,勘景工作并不是"踩点"！我曾经无数次听学生或一些同事将勘景称为"踩点",这让我哭笑不得。

勘景是拍摄准备中的重要工作,一次成功的勘景能够有效避免大量的拍摄问题,也会帮我们找到节省预算的途径。

◆ 勘景需要做什么

勘景当然不仅仅是看看这么简单。故事中的场景应该是唯一的,是一段剧情的绝对载体,所以我们首先要根据剧本列举出的场景特征,利用地图软件、点评软件甚至社交软件搜索关键词,找到合适的场景。

尽量将勘景日的行程安排得紧凑一些,可以一天多看几个备选场景。到达勘景现场后,我们可以根据影片大致的分镜在场景内拍摄样片作为参考。同时,可以用广角镜头或全景相机对整个场景进行拍摄,保证返回后还能继续研究场景。很多时候若缺少这个步骤,我们就不得不凭空想象拍摄的角度。在勘景现场,我们可以根据情况绘制平面图,配合勘景图片,从而更清晰地了解现场情况。

如果是室内场景,我们还需要特别注意现场的电力供应情况。如果需要用功率较大的灯具,需要提前确认现场电箱的配电容量。如果需要单独接线,则要了解现场的动力电位置和接电规则,并请专业工作人员进行操作。

在勘景时,我们要特别注意现场的声音条件是否符合拍摄要求,如果需要同期收音,要避免强烈的环境噪声。在勘景现场,我们可以用太阳高度角测量软件确定合适的太阳高度角,这对拍摄通告的制定有指导作用。

完成现场勘景后,我们要联系场地的负责方或产权人,了解场地的租赁和使用情况,避免在未授权的情况下拍摄。若未获授权,我们很容易在拍摄当日被阻拦,最终不得不更换场地,遭受严重的损失。

◆ 勘景工具

在勘景时，我们可以使用一些手机软件或专用工具（图12-5）。

图12-5 借助手机软件辅助勘景

Cadrage是一款专门为现场勘景设计的App，它可以通过手机摄像头模拟不同摄影机和不同镜头组合下的不同画幅的构图情况（图12-6），并可以直接输出PDF版本的勘景报告。我们当然也可以使用相机在现场直接拍摄，使用相机的好处是可以在夜晚勘景时更准确地了解现场的光线情况。

太阳测量师（Sun Surveyor）是一款能够预测太阳位置的App。它可以通过AR功能，将太阳在一天中的轨迹与现场实景结合，在需要拍摄特殊太阳光线位置的场景中可以给予非常好的参考。

莉景天气App则可以对一些特殊天气下的拍摄效果给予较准确的预测。

我们在勘景现场可以使用激光尺对现场的各种距离进行精确测量，绘制场地的平面图。如果是室内场景，别忘了测量一下室内场景的高度。当然，我们还可以通过insta360之类的全景相机对现场进行完整的拍摄，在准备阶段更好地挖掘场景用于拍摄的可能性。

Cadrage
2020年9月9日 17:50:16

Sony FS7 | 3840 x 2160 | 16:9 **10-85mm**
ARRI/Zeiss Ultra Primes | 横向: 99.5° 纵向: 67.2° 对角: 107.1°

倾角
7°   274°

图12-6 Cadrage模拟索尼FS7摄影机和不同镜头组合下的构图情况

12.4

摄制组的职责

　　在前期准备的过程中，摄制组的组建工作也是很重要的。一般来说，我们在制作短视频故事片时都有一些合作稳定的团队。而在小型拍摄中，一个人很有可能需要身兼数职。尽管如此，我们还是要将工作具体到每个人，只有责任清晰明确，每个人才能够各司其职，才不会在工作过程中遗漏内容和互相扯皮。

◆ 制片部门

　　制片人作为一个项目的"项目经理"，承担着整个影片策划和除了具体制作以外的全部工作。一般来说，制片人都是非常有能力的，他们懂得影片制作过程的所有环节，并且可以敏锐地发现一部影片的亮点和考虑观众的感受。因此，制片人会协助导演共同把握影片的制作方向，将一个好的点子落实于行动。

制片人的主要工作是谈生意、定策划、协助生产。他是整个剧组的大管家，也是一部影片所有工作的协调人和推进人。

在制片人以下，分别是现场制片、外联制片和生活制片。

现场制片即在拍摄现场总体协调人、事、物的负责人，能保证现场拍摄的顺利进行。具体来说，每天拍什么内容，现场需要什么设备、人员……这些内容都要现场制片进行总体协调，从而使拍摄工作按时顺利进行。

外联制片在现场制片无法到达的其他场景工作，例如即将拍摄的下一个场景需要协调安排，或者在拍摄现场外发生的事情需要协调安排。此时现场制片不能离开拍摄地，则由外联制片完成相应工作。

生活制片的工作在前文中已经讲过，在此不再赘述。制片部门中可能还有场务、司机等，协助开展相应工作。

◆ 导演部门

导演作为一部影片艺术方面的负责人，是影视作品的艺术掌控者。但是据我观察，导演最重要的工作是执行和平衡。导演需要在任何时候都强力推动整个影片的拍摄进度。事实上，导演应该有强烈的信念感，对即将完成的影片做到心中有数，这样才能让其他工作人员放心和准确地工作。同时，在一个剧组中，不同人都会有不同的想法。导演需要平衡和把控整个影片的制作方向，让影片朝着既定的目标前进，而不是被某个人的片面想法裹挟。我相信在任何团队中都会产生矛盾，但是导演可以通过合理的协调来化解矛盾，让所有人都向着最终的目标——影片的完成前进。

此外，导演需要与所有部门配合良好并懂得各个部门的工作内容。导演不能凭空指挥其他部门的工作，他的指挥应该是基于事实的，而且导演应该能够准确地描述需要调整的内容。很多导演并不懂得具体业务，那他其实是在"扮导演"。真正的导演在遇到具体问题时，可以准确地指导演员做出具体调整，给出技术人员具体的技术性建议，而不是提出"感受不好""需要更多感觉"等比较空泛的意见。更需要注意的是，有些导演会说很多"正确的废话"，他们会用一些华丽的辞藻来包装自己的无知，这一点要重点分辨。毕竟，大家都是真实的人，如果一个人用虚伪的词语不断地掩饰自己，那他必然会自食其果，被剧组的其他人鄙夷。

导演部门中还有其他人员，如副导演、导演助理、场记、技术指导等。

◆ 摄影部门

摄影部门负责对影片的画面进行掌控，相关人员需要和导演进行深入的交流和配合。大部分情况下,导演会对画面提出要求,而摄影部门需要满足导演的要求。

摄影指导是摄影部门的灵魂,他与导演共同讨论确定需要拍摄的镜头,还和美术部门和灯光师密切配合,得到影片既定的画面效果。较大的摄影部门中包含摄影师、摄影助理、第二摄影助理、特殊器材摄影师等人员。

灯光师是在摄影指导的控制下开展工作的,所有画面中的灯光由摄影指导提出想法,而灯光师会指挥他的团队实现摄影指导的设想。同样,分镜头脚本也是在摄影指导和导演、分镜师的共同工作下完成的。摄影指导会给出有关画面的专业意见,让影片的视觉阐述和画面风格能够更好地为故事服务。

◆ 美术部门

美术部门负责打造影片最终呈现的视觉内容。在前期,美术部门会同摄影部门共同绘制气氛图与分镜头脚本,因为最终镜头中呈现的视觉效果和美术部门息息相关。毕竟我们很难想象在蓝色的背景墙前能拍摄出一个温暖的画面。所以任何画面的最终效果,都少不了美术部门的设计。

在制作中,美术部门包括场景美术和人物美术两类人员。其中,场景美术负责影片中场景的设计与搭建、道具制作等工作,人物美术负责演员的服装与妆容等。

◆ 后期部门

在影视工业中,后期部门可以分为好几个大的团队。但是在小剧组中,我们可以将它们整合为一个后期部门,其中的不同工作人员负责不同工作流程。在后期制作中,剪辑师是核心,负责后期艺术及技术流程的控制。剪辑师掌控影片最终呈现的镜头结构与节奏,并协调后期部分的其他工作,承担着后期部分的导演工作。可以说,前期拍摄给影片准备了各种各样的"食材",但是最终还需要经过剪辑师的"烹饪",才能得到一份"美味佳肴"。

剪辑师的专业能力一点都不比导演差,事实上,我们更希望剪辑师扮演"后期导演"的角色。剪辑师必须懂得制作中的所有细节,并且能够通过精妙的想法,将所有素材整合成成片。剪辑师甚至要掌握特效制作、混音等专业技能,在一些小型影片制作中,剪辑师一个人就要承担后期制作的全部工作。

在较大的剧组中,剪辑师之下还有很多工作人员配合他。其中,剪辑助理负责素材的整理与分发工作,并负责协调后期流程。如果影片中有较多的视觉特效,那么会有专门的特效师负责影片特效的策划、拍摄时特效镜头的处理,以及后期的衔接工作。调色师负责控制影片最终的颜色效果并输出。

◆ 声音部门

从前期收音到后期混音,相较于其他制作部门,声音部门的工作流程更加独立。声音制作中最重要的工作是对影片进行声音设计。根据剧本，声音设计师会将影片中需要表现的声音进行摘取、选择，然后对声音进行改造、编排。

　　录音师前期会录制同期的人物声音、音效和环境音，后期则会录制拟音，进行ADR录音。之后，声音部门会将声音素材配合画面进行剪辑，并且按一定比例对声音元素进行修饰。除此之外，声音部门中的作曲师会按影片内容和剪辑节奏进行配乐，并与剪辑师配合调整音乐的强度和节奏。最终，所有的声音会混合成为一条立体声或5.1声道的音频轨道，与成片结合。

　　以上就是一般短视频故事片的摄制组的部门和人员构成。当然，根据影片类型和制作规模的不同，不同部门的人员在数量上会有较大区别，但是承担的工作基本与上文所述相同。在拍摄短视频故事片的小剧组中，每个剧组成员都应该了解自己的职责和剧组其他人的职责，最好还能掌握更多的专业技能，从各种专业的角度去全方位地理解自己的工作。这样不仅能极大地提高工作效率，还能够让影片制作的整体性进一步增强。尽管影片的导演只有一个，但是如果每个剧组成员能多从影片整体的角度思考自己在工作中存在的问题，那么影片的制作过程将更加流畅。

12.5

分镜头脚本

　　在准备开始拍摄之前，摄制组最重要的准备工作就是制作分镜头脚本。分镜头脚本不仅是影片拍摄的"蓝图"，也是影片的"预先指导"。在分镜头脚本中，我们需要明确如何表现场景、如何讲述故事、如何刻画人物，将剧本中没有表现出的视觉化元素淋漓尽致地展现出来。只有这样，在接下来的拍摄制作环节，我们才能游刃有余地把握影片的全貌。

　　通过分镜头脚本，我们可以事先掌握制作难度，有效规划制作时间和成本。哪些场景镜头多，哪些镜头拍摄难度高，这些问题的答案在分镜头脚本中一目了然。同时，分镜头脚本也是沟通和协调制作的利器。我一般会将分镜头脚本在拍摄前发给剧组的主要成员，并在每天拍摄前的会议中，详细讲解相应分镜头的所有制作细节。这样，每个工作人员都能清晰地知道每项工作内容在成片中的呈现效果，大家会在沟通过程中提出建议，在实际拍摄制作之前解决大量问题，让影片质量进一步提高。

◆ 文字性分镜头脚本

分镜头脚本的初始状态是文字性的，而后我们可根据需要制作可视化分镜头脚本。文字性分镜头脚本类似拉片表格，其中包含以下内容：镜头号、景别、镜头运动、内容、时长、角度、备注等，如图12-7所示。有些分镜头脚本还会有场号、镜头位距、声音等内容。

镜头号	景别	镜头运动	内容	时长	角度	备注
1	近景	手持 移	B对着镜头甜美地笑	3s	正	
2	特写	手持 移	A猛然睁开眼睛，从梦中醒来	3s	微侧	
3	近景	固定	A坐起来转头看窗外	5s	仰拍	
4	近景	固定	A桌上的物品（鱼缸）	2s	平拍	空镜
5	近景	固定	从床底拍A穿拖鞋	2s	平拍	
6	近景	摇	A从衣柜里拿出校服	8s	微俯	从A拿校服的手摇到贴在衣柜内侧她和B的照片
7	全景	固定	A戴着耳机一个人默默走着，周围陆陆续续有结伴而行的同学经过	3s	平拍	A在微斜的道路上往下走
8	近景	跟	1镜的正面	3s	平拍	跟随A向后
9	全景	固定	上课铃响，同学们陆陆续续跑进教室	2s	平拍	拍A的背影
10	中景	固定	和上一镜内容相同	2s	平拍	A的主观视角
11	近景	固定	A默默看课桌上的书	3s	微俯	
12	全景	固定	一个同学经过A的桌旁把书都给撞倒	5s	平拍	

图12-7 文字性分镜头脚本示例（张博、宋佩璇制）

通过对每个镜头进行细致的拆解和设计，我们在文字性分镜头脚本中构建出了影片的大致逻辑和时长。设计时，我们可以直接将剧本内容放在"内容"一栏中，然后根据内容设计出合理的镜头运动。特别提示，在文字性分镜头脚本的设计中，我们一定要反复核对每个镜头的时长，可以尝试将设计的镜头在心里过一遍，甚至自己表演一下，评估镜头时长是否能满足念出台词和做出动作的要求。很多时候，镜头设计的节奏和时间严重不合理，会导致拍摄彻底失败。镜头时长除了与内容相关，还与景别密切相关，更大的景别一定要有更长的时间来表现。否则，全景和远景一晃而过，会给观众带来非常差的观感。

在设计镜头时，我们要特别注意对焦距和角度的表述。很多时候由于种种原因（如过度疲劳或拍摄时间紧张），我们会在拍摄时只注重景别而忽略了焦距和角度。因此，我们要特别注意在拍摄前想好景别、角度和焦距之间的关系，并在分镜头脚本中表述清楚。这样，我们在拍摄时就能够有条不紊，不至于受其他因素的影响导致拍摄失误。

在设计分镜头脚本时，我们一定要多看前期勘景时拍摄的参考图和场景的平面图，这样才不会设计出完全无法执行的分镜头脚本。此外，我们千万不要在脑海中凭空想象拍摄的场景，一定要让拍摄的镜头符合实际情况。

◆ 可视化分镜头脚本

可视化分镜头脚本有时是和文字性分镜头脚本共同出现的。我们在想象和讨论最终镜头时，通常会忍不住在纸上画几笔。这些简单的草图，便是初级的可视化分镜头脚本。

尽管可视化分镜头脚本不是必需的，但是我认为它在拍摄中的参考意义是巨大的。很多时候，不同人会对文字描述产生不同的理解，但是图像的具象性和确定性会让所有人立刻理解我们想要拍摄出什么样的画面。可以说，可视化分镜头脚本才是制作过程中真正的沟通利器。

除了简笔画，初级的可视化分镜头脚本可以是在网上寻找的类似图片或截取的类似影片片段。不要认为这样做是为了抄袭别人，采取这种快速的方法只是为了更有效率地沟通。我们在拍摄时经常会说："我们拍一个某某电影里的那个镜头吧！"这并不会让我们认为是在抄袭某部影片，因为影片本质上就是不同景别、角度的画面的组合。但是，完全一致的镜头序列是不可取的，那明显是抄袭。而我们的借鉴仅限于对单个镜头的描述，甚至在大部分时候，我们只是为了通过截图找到一种相似的形式感。

如果恰好有一位精于绘画的同事，就请他将所有的镜头都画出来吧（图12-8）！毕竟这样更加清晰准确。我们可以通过阅读各种与分镜头脚本设计有关的书籍来提高自身的表达和绘画技巧。在可视化分镜头脚本中，我们也应该通过箭头和简单的标注来表明人物和镜头运动的方向。

图12-8 可视化分镜头脚本 （刘俊潇绘）

很遗憾的是，大部分人并不善于绘画。但是技术的发展让我们得以更快速地将内心的想法用可视化的手段表达出来。我们可以借助游戏引擎或一些专门的软件，例如Cine Tracer，来制作高度仿真的可视化分镜头脚本。如果你可以将这种动态的镜头录制下来，那么恭喜你，你已经成功实现了影片的动态预演（Previz）。这种技术能够更好地帮助我们在拍摄前感受到最终的效果，我们通过对动态预演剪辑调整可以进一步确认影片的节奏，形成一个更有表现力的动态分镜头脚本。

分镜头脚本制作好后，我们需要将其发到每一个制作人员的手中，当所有人都收到了制片部门发来的通告单，当摄影和声音部门准备好了所有的器材，当美术部门已经将场景准备好……此时此刻，最重要的时刻就要到来了——我们要开机拍摄了！

13

短视频故事片
拍摄现场

13.1

拍摄一个镜头

正式拍摄过程中难免会发生各种各样的情况，但如果我们能把握拍摄过程中的重点，就能避免在出现问题时手忙脚乱。相较于影视剧，短视频故事片的拍摄团队更加小型化，因此要特别注意每个人的工作安排和整体的合作。

◆ 小型团队的合作

正如前文所说，小型团队中的每个人都兼任多个职务，每个人的工作压力都非常大。任何影片的拍摄都不是简单的艺术创作，其中包含着大量的管理、沟通协调工作。千万别认为自己作为导演只需要坐在监视器前拿着对讲机和扩音器指导演员表演就行了，这种想法只会降低所有人的工作效率。

作为影片创作的核心，导演不仅要在脑海中把握好影片的全貌，更应该有强大的执行力。很多时候拍得好、拍得不好是一回事，但是如果你根本没有能力把影片拍出来，根本就无法谈论影片的优劣。我见过太多因为导演的执行力差，导致很好的想法最终无法实现的例子，真的是十分可惜。

导演应该尽可能靠前指挥。目前通过无线图传等方式，导演可以在片场的任意位置看到摄影机拍摄的内容，因此导演应在距离演员最近的位置指导演员表演和其他工作。

在执行过程中，任何人都不应该以岗位职责的原因推卸责任。事实上，很多小型团队中导演和摄影师是同一个人，导演和制片人也可能是同一个人，剪辑师和录音师也可能是同一个人，而这些人又可能都是影片中的演员。在这样的背景下，每个剧组成员在完成本职工作的基础上都要尽可能多地完成其他工作。比如一些美术工作或者摄影助理的工作在小剧组内就有可能是大家共同完成的。每个人在拍摄现场都是场工，包括导演。

在拍摄之前，所有人必须就影片的制作细节进行充分的了解与沟通。最好的方式之一就是在每天拍摄前由导演讲解当天的拍摄内容，包括每个镜头的具体内容和实现形式。在拍摄前的沟通中，任何人有疑问应该第一时间提出，这样便能够避免执行过程中的反复修改。

◆ 典型的一天拍摄

正式拍摄时，相关人员首先要做到按时到达现场。这件事虽然听起来简单，却是我们最应该重视的。我们每个人可能在生活中都或多或少有拖延症、不守时的毛病，但是在拍摄过程中，任何一个人的迟到都会延后整个拍摄进程。在拍摄中，最宝贵的就是时间。无论是能否按通告完成镜头的拍摄，还是能否在合适的时间"抢到天光"，时间对于拍摄来说都是非常重要的。所以请大家在拍摄时一定要按时到达拍摄现场，如果存在堵车等风险，一定要提前出发。

到达拍摄现场之后，并不是所有人立刻开展工作，而是由导演或制片人组织一个简单的现场会。会中导演或制片人再次说明当日的拍摄内容和顺序，有任何问题都应该在会议现场协调解决。会议应依据分镜头脚本中的内容展开，所有人应根据分镜头脚本详细研究各自的工作内容。会后，演员立刻进行服装、化妆准备，摄影部门立刻开始调试摄影机并布置灯光，其他部门同样开始各自的准备工作。

美术部门的工作应该是先于所有工作开始之前完成的。尤其是在条件允许的情况下，美术部门应该在拍摄开始前的一天就准备好场地。当然，如果因为场租等原因，美术部门不能提前进场，整体的通告就应该根据美术场景准备的时间确定。要确保美术部门有足够的时间准备场地和道具，不要在现场等待美术部门布置场地。

摄影机位的设置应该由大景别向小景别依次过渡。先拍摄远景和全景镜头，因为这类镜头涉及的人物和场地最多，演员表演的难度也相对较低。如果涉及群众演员，在全景镜头拍摄好之后，我们就可以让部分演员离开现场，这样能够让现场管理更加轻松。同时，灯光设计也应该按最大景别优先设置，这样在拍摄小景别时稍做调整就可以迅速完成。

摄影机设置好后，演员也基本完成了化妆。我们可以让演员站在表演位置进行测试，以便进行机位和灯光的最终调整。导演可以同时组织演员和摄影师进行彩排，演员可以在彩排中找到合理的场面调度节奏。彩排之后，我们就可以进行第一个镜头的拍摄了。

经过一个个镜头的拍摄、调整、再拍摄，我们就顺利地完成了一天的大部分拍摄。此时要注意在半天或一天的拍摄后，我们应及时备份素材。这是一个非常重要的步骤，所有的素材不仅要备份，而且要进行双重备份。所谓的双重备份绝不是将存储卡中的素材复制到硬盘中，再将硬盘里的内容复制到另一个硬盘中，而是将存储卡中的素材分别复制到两个硬盘中。而有关数据管理的具体工作，我们会在第14章中详细阐述。

◆ 拍摄口令

我见过这样一个拍摄过程，当一个镜头拍摄结束之后，导演兴奋地大喊："合格！"此时，现场的演员、工作人员依然在拍摄着这个镜头。导演喊了好几次以后，冲到摄影机前问大家："你们怎么还拍啊？"所有人不知所措。其实，导演认为这个镜头已经拍好了，可是他忘了使用规范的口令，导致拍摄流程混乱。在短视频故事片的拍摄中，为了能够让拍摄高效进行，所有人都必须使用规范的口令进行沟通。否则就会出现导演想要开始或结束，但剧组中其他成员并没有理解的尴尬情况。

拍摄中经常会用到以下几个口令。

"准备拍摄！"这个口令是在每个镜头准备开始时导演喊出的口令。一旦听到这个口令，现场的演员、场记、摄影师、录音师应该立刻到自己的岗位上做好准备，其他工作人员则应该在安全区内保持不动。

"开机！"这个口令是摄影师和录音师发出的。当听到准备拍摄的口令后，场记会将场记板就位，随后摄影师和录音师就可以按下录制按钮，让时间码开始走动。当然，我们有时也会听到英文版本的口令"Rolling"或"Speed"，都是同一个意思。

"报板！"这个口令是导演发出的，当然也可以不用这个口令，根据摄影师和录音师的准备情况，场记可自行报板。所谓报板，是场记喊出场记板上的信息，包括场号、镜号、次号。例如"2场3镜4次！"报板后，场记会打下场记板，让视频和音频信号同步。同时场记应该迅速撤离镜头前，进入安全区，等待现场回归安静状态。

"开始！"场记报板之后，演员并不会立刻开始表演，而是等到现场回归安静状态，导演喊出"开始"口令后才开始表演。当然，导演也可以喊英文口令"Action"。

"停！"这个口令是在一个镜头拍摄完成后导演喊出的，也可以喊英文口令"Cut"。当听到"停！"后，摄影师和录音师应立刻停止拍摄和录音，演员也可以结束表演。而在听到"停！"之前，所有人都应该持续进行工作。如果出现技术性问题，摄影师或录音师可以举手示意，但是不应该在现场直接说出。因为一个镜头的好坏最终应该由导演判断。

以上就是拍摄现场经常使用的标准口令。当然，每个剧组可以根据习惯进行调整，但是所有口令一定是大家都能够达成一致的，这样拍摄才能够高效进行。

◆ 场记的职责

场记在拍摄中的职责并不仅仅是报出场记板上的内容，他更重要的工作是记录每个镜头拍摄的内容，并对镜头拍摄的问题及时标注。很多时候，后期工作人员并不会在拍摄现场，因此后期工作人员对于现场拍摄情况的了解几乎完全来自场记单（图13-1）。

除此之外，场记还应该时刻注意镜头之间的连贯性，例如镜头是否跳轴、演员表演是否一致、服装道具是否一致等，尤其要注意在影片中很容易出现时钟、水杯、屏幕等道具的穿帮镜头。场记在现场要关注这些细节，这样能让后期工作少很多麻烦。

4				9月28日				存废	备注
场号	镜号	次数	视频号	音频号		内容		存废	备注
36	1	1	K001C001	无		大全景，急救车从路上远去			环境音，动效（救护车鸣笛声）后期同时补录
		2	K001C002	无		急救车渐近			
		3	K001C003	无		远去		OK	
		4	K001C004	无		渐近		OK	
		5	K001C005	无					
		6	K001C006	无		远去，纵摇		OK	
		7	K001C007	无		渐近，纵摇		OK	
		8	K001C008	无		感光度ISO3200，实验			
36	2	1	GroPro	无		车顶，急求车灯闪烁		OK	

				9月29日					
场号	镜号	次数	视频号	音频号		内容		存废	备注
107	1	1	K002C005	无		特写：产检室做B超			时长太短
		2	K002C006	无					
		3	K002C007	无					
		4	K002C008	无					
		5	K002C009	无					
		6	K002C010	无					
空镜			K002C001	无		公路外		OK	
空镜			K002C002	无		公路		OK	
空镜			K002C003	无		公路		OK	
空镜			K002C004	无		公路		OK	
空镜			K002C012	无		公路		OK	
空镜			K002C013	无		公路		OK	

图13-1 场记单示例

◆ 回看

除了场记现场的检查,回看也是检查镜头的必要工作。尤其在拍摄一些升格镜头时,我们无法用肉眼判断现场拍摄的内容是否合适。导演认为镜头拍好后,必须要让摄影师再次回看以确认无误。我经常遇到导演因为赶进度等忽略了回看,主观地认为镜头合理后继续拍摄,但是后期查看时发现了不少问题的情况。因此,能通过现场的一个简单操作避免的问题,就不应该留到后期。

13.2

现场制片

现场制片的工作保证了影片的顺利进行,在应对一些具体的工作内容时,现场制片应该从哪些方面更有效地安排制片工作呢?只要把握好以下几项内容,现场制片基本就能顺利完成工作。

◆ 控制进度

控制进度是一切拍摄顺利进行的根本。如果一个影片不能按时完成拍摄,不仅会造成拍摄成本的增加,有时甚至会因为场地和演员的原因而无法完成所有镜头的拍摄。因此,现场制片要随时牢记控制拍摄进度。

当然,我们都希望有充裕的时间去完成每个镜头的拍摄,让每个镜头都达到最好的效果。但是在现实中,这种美好的愿望通常是不能实现的,无论是电影还是短视频,每个镜头的拍摄时间都有严格的限制。这时候,现场制片和导演之间通常会出现矛盾。

现场制片首先要检查通告单上安排的时间和现场拍摄的条件相比是否科学合理,如果通告单上的时间安排不合理,现场制作要及时和导演沟通并修改通告内容,在开始拍摄前尽量解决大多数问题。

在拍摄过程中,现场制片每隔一段时间就要和相关人员核对进度。一种常用的方法是现场制片每隔半小时就通报一次时间。因为在拍摄过程中,时间的流逝是不易被察觉的,如果不通报时间,可能会让既定安排和实际进度越差越多。

现场制片也可以和相关人员商议合理安排进度的方法,例如把摄制部门拆成不同的小组,将一些细节镜头和空镜头同时进行拍摄,以提高拍摄效率。

◆ 保障拍摄

现场制片应该为拍摄创造充分的条件,包括协调现场的供电、交通、人员等。当然,现场制片并不是万能的,并不能在很多条件艰苦的场地凭空变出很多东西,但是如果有合理的规划,就可以避免很多阻碍拍摄的情况。

在拍摄现场,现场制片首先要规划好拍摄区域的使用,主要的拍摄区、器材准备区、化妆区、休息饮食区等位置要有明确的标注,或以其他方法让所有人都能够辨识。避免发生在拍摄现场吸烟、饮食等对拍摄造成影响的行为。现场制片其次要督促制作部门对线缆和接电区域进行保护,用大力胶或其他工具把线缆固定,防止绊倒人员和器材。

所有器材应该在现场的专用位置统一放置并有人随时看管,一定要保证器材不会丢失。对于经常使用的摄影器材,可以准备一个多层小推车临时放置在摄影机周围。所有器材箱应该保证关闭锁紧或打开状态,千万不要有关闭但未锁紧的箱子,否则一旦拿取器材时使器材跌落或摔坏,就会造成巨大的损失。

在拍摄现场,现场制片可以用警戒线或大力胶临时隔离出拍摄区,防止无关人员随意出入拍摄区干扰拍摄的正常进行。尤其是在用电区域、摇臂区域等有可能造成人员受伤的区域,现场制片务必要管控人员的出入。现场制片要时刻提醒现场工作人员注意安全,对于一些危险操作要做好充分预案,尽量减少危险操作。

◆ 处理突发事件

在拍摄过程中经常会遇到各种突发事件,有些突发事件处理不好可能会让拍摄彻底停滞,造成极大的损失。为了防止这种突发事件,现场制片应该设计一些应急预案。

典型的突发事件莫过于拍摄现场有人员受伤。要知道,拍摄现场存在着一定的危险,无论是线缆、各种器材,乃至现场道具都有可能对人造成伤害。其中较常见的是擦伤和挫伤,当然也有可能发生烫伤。针对这些情况,除了时刻提醒大家注意安全外,现场制片还要准备一个应急药箱,在里面放一些常用的外伤用品,例如绷带、创可贴、云南白药、碘伏、芦荟胶等。

另一个经常遇到的突发情况就是现场拍摄有人干扰,这种情况更常见于非摄影棚的实景拍摄。有些拍摄可能会占用一部分公共区域,影响公共交通,导致路人与剧组产生矛盾。此时现场制片一定要第一时间化解矛盾,不能任由这类事件发展。现场制片应记住,所有的一切都要围绕影片顺利拍摄去做,如果能有诚意地和人沟通,并准备一些小礼物,我相信大多数的问题都能解决,至少能让拍摄持续进行而不会中断。

13.3

导演工作

导演工作是影片创作的核心内容,在影片拍摄中,导演不仅仅是艺术的掌控者,更承担了一部分管理者的角色。导演工作具体表现为以下几点。

◆ 控制影片风格

戈达尔说:"风格是内容的外表,而内容是风格包裹的东西,二者必须在一起不能分离。"他的话非常精确地概述了影片风格和内容之间的关系。

导演应该充分了解自己的影片风格,这里面最重要的当然就是视听语言风格。影片的镜头设计、场面调度、剪辑、声音设计,应该和导演所想传递的内容高度一致。我们可以通过一些视听语言风格一眼辨识出影片的创作者,影片的视听语言风格有时候就是创作者吸引粉丝的关键要素。

导演在创作过程中,要随时保持影片风格的一致性、连贯性。很多导演经常犯的错误是一部影片中的视听语言风格和戏剧风格不一致。在影片开始使用一个大升格镜头,中间用紧凑的剪辑,又配合莫名其妙的音乐……这些影片风格上的割裂感会让观众无法理解,进而中途放弃观看影片。或者,很多影片因为其风格不适合在短视频平台传播,会让观众在观看时逐渐失去耐心。

因此,导演在创作的前期、后期都要时刻关注影片风格,最好在拍摄前有参考的影片风格。这些参考可以是其他影片,尤其是电影,也可以是其他艺术形式。无论是摄影作品、美术作品或者其他设计作品,导演都可以参考其美学风格。

◆ 指导演员表演

短视频故事片中的演员多为非职业演员,或者是稍微有些表演经验的准专业演员,他们的表演往往达不到专业水平。但是有时导演可以采用适当的方法极大提高他们在短视频故事片中的表演水平。

不要以为专业演员就可以驾驭任何角色,任何演员都有局限,所以我们应该尽可能地寻找适合角色的人,而非刻意让某个人扮演特定角色进行表演。一旦找到了适合角色的演员,拍摄往往就会很轻松。此时,导演只需要消除演员对镜头的陌生感,让他在镜头前尽情地展现自己,即可达到很好的效果。反之,如果坚持使用一些不适合角色的演员,指导演员表演的过程就会异常艰苦。

和电影、电视剧的表演节奏有所不同,短视频故事片更像是广告,需要演员在短时间内完成表演。比如在正常的影片拍摄中做快乐或者悲伤的表情时,演员需要酝酿一会儿后才能进入状态。但是在广告或者短视频故事片的拍摄中，演员必须迅速完成表演内容。这是由剪辑节奏决定的，演员必须充分理解这一点。

导演指导演员表演时，一定要将影片节奏和风格表述清楚。最好的方式依然是给演员足够的参考。当演员无法完成既定表演时，导演可以通过分解镜头或跳切的方式，改变影片的视听语言以完成拍摄。

◆ 平衡和协调

事实上，刚刚说的演员无法完成表演的情况在短视频故事片的拍摄中比比皆是。这时候就需要导演具有强大的执行力了。别忘了，导演最重要的能力之一就是执行力，在短视频故事片的制作中，有时完成表演比表演得好更重要。

而为了拥有执行力，导演需要有强大的平衡力和协调力。他需要平衡作品质量和作品完成度之间的关系，需要在有限的制片条件内完成影片制作。他也需要平衡团队内各个部门的能力和关系，因为只有充分调动所有部门，才能够更好地完成影片的制作。在这个过程中，他需要平衡时间、人、成本、艺术性之间的关系。很多时候我们面对一个难点而纠结，殊不知我们应该站在全局的角度看问题，不要因为局部的得失而放弃了对整体的把控。要知道，影片打造的是一种"气氛"，绝不是单独几个镜头或一句优秀的台词就能左右的。

导演绝不仅仅要指挥所有人的工作，他更是一个中央节点和掌舵者，既要做好沟通和管理工作，还要为影片负责。当然，在这个过程中他还需要有强大的抗压能力，能够在发生突发事件时和制片人一起应对，并最终完成影片的拍摄。

13.4

短视频故事片摄影

和拍摄其他短视频节目不同，拍摄短视频故事片更注重戏剧性。摄影部门需要根据剧情的发展，通过各种技术手段让画面更符合故事内容。我们如果想要有更多的电影感，那么应该在以下几个方面多做尝试。

◆ 短视频故事片的镜头

在拍摄短视频故事片时，我们更多会使用大光圈定焦镜头，大光圈可以为构图和用光提供更大的选择空间。但有时我们也需要收缩光圈，例如在运动镜头中并不需要太浅的景深，如果景深太浅,摄影机稍微前后运动,演员就处于景深外了,那么画面就会经常处于失焦的状态。同时,过于虚化的背景会让观众对环境认知不清,不知道人物和环境之间的关系,使人物和环境看起来非常混乱。

使用定焦镜头的好处是能让我们更好地思考拍摄每个镜头需要使用的焦距。在一般的影片拍摄中,我们更多考虑的是如何借助镜头"拍到"想要的画面。而在短视频故事片的拍摄中,我们需要考虑每个镜头所表达的视听语言。因此,镜头的焦距就是我们需要思考的重要内容。通常来说,我们在拍摄人物时选用焦距为50-85mm的镜头(等效全画幅数码相机)较为合适,这样的焦段更容易在中近景中表现人物,不会让人物身体和面部产生变形。当然,有时我们也会用焦距在24mm以下的超广角镜头夸张地表现人物的表情,塑造人物极端的感受。

随着技术的进步,越来越多的人选择使用具有自动跟焦功能的摄影机拍摄视频。我向来是一个拥抱新技术的人,尽管支持自动跟焦的摄影机普遍价格不菲,但是与在小成本拍摄中增加一个专门负责跟焦的摄影助理相比,拍摄成本也没有增加多少。当然,自动跟焦在现阶段依然有技术上的局限性,例如对焦速度和智能程度、准确性都有很大的上升空间,但是手动对焦也有可能出错。所以我们不用只盯着这些技术的弊端,而是应该充分扬长避短,发挥现有技术的最大可能性,帮助我们更好地完成影片拍摄。

摄影部门经常会陷入的一个困境是,太过想要尝试新的技术和新的设备,以至于忽视了影片的整体性。我们要知道任何技术和设备的使用都是为了影片整体服务的。请大家时刻提醒自己,一部影片的优劣绝不仅仅是画面决定的,有时为了好的画面而放弃了其他方面,其实是得不偿失的。

◆ 滤镜的使用

在拍摄短视频故事片时,各种滤镜是我们创造电影感的重要工具。这些滤镜包括ND滤镜、柔光滤镜、眩光滤镜等。

ND滤镜也称中灰滤镜,它能够降低进入镜头的光通量。ND滤镜有各种形态,常见的是螺口式和方片式,方片式ND滤镜需要配合遮光斗使用。现在也有厂家推出了内置ND滤镜的摄影机,这样即使更换各种镜头,也可以一直保持ND滤镜的效果。当然,一些摄影机中还有内置可调挡位的ND滤镜,这样更方便摄影师随时调节ND镜的减光效果(图13-2)。在晴朗的户外拍摄时,ND滤镜能有效降低摄影机的快门速度,让画面随时能保持一定的运动模糊效果,从而更有电影感。

柔光滤镜有黑柔、白柔等不同的柔光效果。同时,柔光滤镜分为不同的等级,例如全柔光、1/2柔光、1/4柔光等。柔光滤镜主要应用在人像拍摄场景中,可以让画面产生高光或阴影处的光线溢出效果(图13-3)。有时候画面过于清晰会让观众感觉过于"数码化",而柔光滤镜让影片的戏剧感和电影感增强,在拍摄表达人物情感、回忆等的特殊场景时特别有效。有时候,我们也会用丝袜或凡士林在UV镜片上制造类似的效果。但是要注意柔光滤镜不能过度使用,过于柔化的画面会让观众感觉雾蒙蒙的,降低了画面主体的辨识度。使用柔光滤镜时,要避免光线直射镜头产生眩光。

如果为了制造眩光,我们可以选用特殊的眩光滤镜。眩光滤镜的镜片上粘贴有闪耀的碎片或金属丝，这些附着物都是为了让画面中充满各式各样的眩光而设计的。使用时我们只需要利用一个强光手电直接照射眩光滤镜，就能产生各式各样的眩光效果。我们还可以用一些特殊的光学棱镜或异形玻璃在镜头前制造眩光。这些眩光效果能让单调的画面变得活泼，也可以使画面具有时尚感。

一些低品质滤镜可能导致画面中出现偏色现象，我们在使用时要有所取舍。滤镜虽然能制造出各种氛围感，但我们不能过度使用，导致画质受损，画面模糊不清。

图13-2 ND镜不同挡位下的减光效果

图13-3 柔光滤镜的光线溢出效果

◆ 戏剧化的光线

其他短视频节目对光线的要求是让人变得更"好看"，短视频故事片对光线的要求则并不一定是这样。在短视频故事片中，打光要能反映故事情节，帮助推动故事发展。

在塑造人物时，我们应该采用自然主义的布光原则，即通过对现场环境的分析，对光线比例进行调整，更好地实现画面的戏剧化。在画面构图确定后，我们可以分析一下现场有哪些合理的环境光源，例如台灯、车灯、电脑屏幕等。这些光源散发出的光线通常是硬光，并且处于环境的中下位置。所以我们可以让人物坐下来，让光线能够反射在人物脸上，或者直接通过硬光对人物进行塑造。

此时人工光源的应用更多地是为了对这些光线进行加强，调整光比，让主角能够在画面中更突出。我们可以在背景中添加一些点光源，例如蜡烛或小氛围灯，让画面变得丰富和灵动。

短视频故事片的预算通常不高，我们可能很难在现场使用更专业的影视灯光。事实上，现场只要有一盏灯加大功率，其他所有灯的功率都需要跟着加大，所以我们可以考虑使用更多的道具灯来满足现场的照明需求。尽管这有可能让画面曝光不足，但是丰富的灯光能够营造画面的戏剧感，更何况如今摄影机的感光性能通常比较强大。我们可以选择显色性强的影视灯光作为主光，而其他灯光可以通过反光板反射或道具灯打造。

别忘了阳光，自然光在戏剧性光线的营造中是不可取代的。建议尽量选择太阳高度角低于45°的时候进行光拍摄，我们可以用太阳测量师等App找到一天中最适合拍摄的时间。用阳光营造正面光、侧逆光或正逆光都是很好的选择，阳光会让人物在画面中凸显，营造出不同于人工光源的气氛。

◆ 尝试不同的画幅比例

我们在拍摄短视频节目或直播时，大部分都采用标准的16∶9的画幅比例，这也是高清广播电视的标准比例。但是我们会发现电影工业和广播电视工业采用完全不一样的画幅比例。在电影发展的历史中，不同时期、不同技术催生出了大量不同的画幅比例。从古老的1.33∶1，到后来的2.35∶1、1.85∶1，这些画幅比例都极大地影响着观众对画面的感受。

在短视频故事片中，我们可以根据平台的不同选用9∶16的画幅比例。但是这种画幅比例确实不适用于很多剧情的展现，尤其是不适合展现水平的场景。竖屏更适合展现人物或垂直的场景。人类的生理结构决定了人眼横向的视野范围更加宽广，我们也更喜欢看宽屏的画面。

这时，我们可以在竖屏平台上使用1∶1的画幅比例并加上下包装来展现影片内容。这画幅比例也更接近文艺片或艺术摄影作品的画幅比例，能让观众感受不同的画面风格。上下空余的部分还可以填充很多包装内容，让观众深刻了解剧情的相关信息。

当然，在横屏平台上，我们可以通过16∶9或2.35∶1的画幅比例展现剧情内容。16∶9的画幅比例可以充分利用高清分辨率中的每一个像素，而2.35∶1（胶片标准）或2.39∶1(DCI标准)则更贴近变形宽银幕的画幅比例，可以模仿传统电影的风格。在上下黑边的位置，我们可以添加字幕等内容。

13.5

拍摄结束后

拍摄结束后，我们还有几件必须要做的事情。只有做完最后这几件事，拍摄才算圆满结束。

◆ 检查拍摄素材

拍摄完成后，我们最好在现场通过笔记本电脑对素材进行检查和备份。事实上，我们应该随时对一些重点镜头进行检查。要知道，任何存储卡都可能出现问题！千万不要对存储卡抱有太大的信任。此外，现场可能没有大尺寸监视器能够供我们详细检查镜头的拍摄质量，有些摄影机自带的监视器的色彩并不准确，我们需要通过电脑对素材进行回看和检查。

在此基础上,我们尽量在现场利用高速读卡器将存储卡中的全部内容备份在两块硬盘中。我们可以使用一些素材管理软件,例如kocard,对素材进行复制和校验。

◆ 检查设备

拍摄完成后,所有人应该详细检查自己操作的设备,尤其是摄影部门和声音部门的人员。我就见过剧组人员由于杀青过于兴奋,在打车的过程中遗失设备的情况。或者剧组人员过于劳累,在现场丢失了一些重要的附件。这些损失都是十分不应该的。

我们在拍摄前应该准备详细的器材清单,尤其应该按箱分类管理设备。在最后检查设备的过程中,按清单对所有设备进行清点。清点时要检查重要设备,例如镜头是否有损坏。在运输过程中,要按顺序对设备进行搬运。这样才能保证万无一失。

◆ 恢复拍摄场地

"防火防盗防剧组"这句坊间流传的玩笑暗含着人们对影片拍摄的抵触情绪。这种抵触情绪一方面是因为剧组在拍摄过程中会存在一定的扰民现象,另一方面是一部分剧组工作人员素质低下,会在拍摄过程中破坏拍摄现场。

无论是什么样的剧组,工作人员往往是鱼龙混杂的。现场制片一方面要管理好现场人员,对现场的饮食垃圾的处理方式要进行明确的规定,另一方面要尽量减少对周围居民的侵扰。要知道,我们在拍摄时永远是在麻烦别人,所以一定要怀有敬重和感恩之心在现场拍摄,要杜绝对现场的破坏和污染,尤其是要尽量避免对现场造成不可逆的损坏。拍摄结束后,剧组要组织人员对现场进行清洁,无论最后有多累,这都是非常重要的一个步骤,同时也体现了我们的专业性和文明程度。

短视频故事片的拍摄是所有影视项目中相对复杂的,涉及的人员、场地、技术都是非常广泛的。剧组的大量工作除了和创作相关,更和人相关,而人是很复杂的。因此,我们在拍摄过程中要时刻注意,既要拍好戏,也要做好人。毕竟大多数影片讲的都是人的故事,我们如果不能深刻地洞察人性,就不可能很好地展现影片中有关人性的内容,更不能通过这样的影片去打动观众。

数字影像工作流程

如今的数字影片完全是科技与艺术的结合。在强大的影像处理器的帮助下，摄影机把接收的光线转化为屏幕上的画面。但是有时候，这些画面并不能符合我们对短视频故事片的要求。很多时候，短视频故事片要的并不是清晰和真实，而是特定的气氛。此时我们如果完全掌握数字影像从获取到播放的全部技术，就可以有更大的调整空间。因此，我们需要了解并掌握数字影像工作流程，这样不仅能够进一步提升画面的质感，还能让我们的制作效率更高、成本更低。

14.1

数字影像工程

◆ 数字影像工程师

在大型影视项目中，数字影像工程师（Digital Imaging Technician，简称DIT）基本上属于摄影部门，但是同时要承担和后期人员沟通协作的工作。DIT的工作主要分为3类：素材整理、色彩管理、质量控制。DIT的主要工作流程如图14-1所示。

素材管理是DIT最重要的工作之一，也是大家戏称DIT是"拷卡的人"的主要原因。当然，这项工作不仅仅是复制拍摄素材，还需要整理和校验拍摄素材，是一项需要认真对待的重要工作。在我的工作经历中，见过不少因拍摄素材出错导致的严重事故，这些错误严重影响了影片的制作。所以尽管听上去非常容易，但是素材管理是一项需要深入研究的工作。

色彩管理是较大型项目中才有的工作，其直观表现就是监视器上的画面可以经过现场调色呈现出创作者预想的色调和反差。不同的色彩管理方式也会影响影片最终输出的效果及对应的播放媒介。

质量控制则是DIT在拍摄中始终需要关注的内容。数字影像可能由于硬件的特性或操作不当存在摩尔纹、过度曝光、边缘锯齿等一系列画面瑕疵。通过掌握工作流程中的技术节点，DIT可以修复这些瑕疵。因此检查画面质量也是DIT的重要工作。

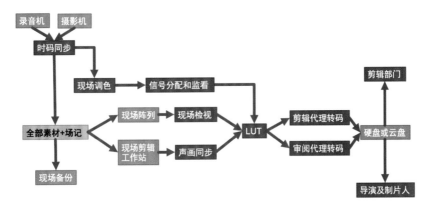

图14-1 DIT的主要工作流程

◆ 拍摄素材备份

前文曾多次强调，拍摄素材需要双备份。这种双备份首先要做到备份两次，即从同一张存储卡中向两个不同备份介质硬盘A和硬盘B进行备份。千万不要先从存储卡备份到硬盘A，再从硬盘A备份到硬盘B，这样不是双备份。

在现场备份时，我们应该采用高速读卡器和高速硬盘，例如固态硬盘。千万不要用劣质读卡器备份，除了会降低备份速度，使用劣质读卡器还有可能会损坏存储卡中的数据。对备份中的硬盘，应尽量保证其安全，尤其不要在硬盘通电时移动它！尽管它叫作移动硬盘，但是在处于工作状态时是很脆弱的。

我们可以使用Kocard（图14-2）之类的软件进行备份，这些素材备份软件除了可以完整备份存储卡中的数据，还可以校验备份时的数据准确性，降低备份出错的风险。

图14-2 Kocard

◆ 存储硬件

在日常制作中，我们经常会使用不同的硬盘进行素材存储。在更专业的影视项目制作中，我们需要考虑存储硬件的速度和稳定性，因为存储硬件直接影响了我们的工作效率和数据安全。存储硬件主要分为3种类型：机械硬盘、固态硬盘、磁盘阵列。

机械硬盘是常见的硬盘类型之一，它的成本较低，存储空间较大，适合进行日常文件的存储。但是机械硬盘的缺点也是明显的：由于物理限制，机械硬盘的读写速度较慢。这一点在影视制作中非常不便，尤其影响大尺寸文件的播放。我们如果使用的是机械硬盘，在轨道上同时播放多个视频时往往会出现卡顿。

固态硬盘（Solid State Disk，SSD）是一种依靠数据芯片存储的硬盘。由于没有机械限制，其读写速度通常比机械硬盘快几倍，是如今我们制作时使用的主要硬盘。但是SSD的价格较高，并且如果损坏后数据几乎不可修复，因此SSD更适合在制作中充当工作硬盘，以快速满足制作需求。一般来说，我们会把数据备份在两种硬盘中，一种硬盘用来制作，一种硬盘用来存储数据。

除此之外，在办公环境中我们还会用到磁盘阵列（Redundant Arrays of Independent Disks，简称RAID）。RAID可以将多个硬盘进行组合。根据不同的组合逻辑，RAID可分为RAID1、RAID10等多种不同的格式。RAID在使用时可以同时读写多块硬盘，同时可以将数据在多个硬盘中进行备份。RAID既能够保证数据的安全（RAID0除外），又能够提高数据读写速度，可谓是完美的工作存储方案。但是RAID的成本较高，且难以移动，因此比较适合小型工作室使用。

◆ 使用Log模式

在影片的拍摄中，我们都希望得到个性化的色彩，那么我们首先要回答一个问题——我们能看到多少种色彩呢？ 1931年，国际照明委员会测量了人眼能看到的色彩，并把它表述在一个叫CIE XYZ的色彩空间（图14-3）之内。同时，由于播放介质的原因，我们看到的画面都存在于一个固定的色域（Color Gamut）之内，这些色域都是CIE XYZ色彩空间里的一个子集。例如在传统广播电视中能看到的画面颜色范围被称为Rec709色域，这也是大多数屏幕能够显示的色域。但是Rec709色域所承载的色彩并不多。

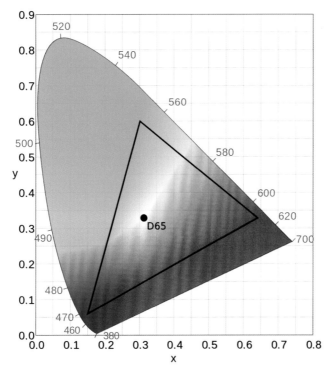

图14-3 CIE XYZ色彩空间

如今的摄影机和屏幕都能记录和还原更多色彩了。那么，如何在一个有限的色域里获得更丰富的影调呢？我们可以使用Log模式来记录和还原色彩。Log模式的工作原理就是通过一条设计过的曲线，将更多的光线信息记录在有限的色域之内，并在后期选择性地还原这些色彩（调色）。

在图14-4中，Log画面相比直接记录有更丰富的细节，这些细节更符合人眼的视觉习惯，所以这样的画面看起来更真实和舒服。当然，使用Log模式拍摄的画面必须经过调色处理，否则我们只能得到灰蒙蒙的画面。

图14-4 Log画面（上）和直接记录（下）对比

14.2

工作流程

◆ 工作流程的概念

当面对较多的影视制作内容和技术时，我们往往会显得手忙脚乱。由于制作工作的复杂性，我们必须找到一种更高效的工作方法。因此，我们不得不研究一下工作流程。

什么是工作流程呢？

请你先回答一个简单的问题：你感到饥饿难耐想要吃饭，但烧水需要3分钟，洗菜、切菜需要5分钟，炒菜需要1分钟，请问你最快需要多长时间能吃上饭呢？

如果你把上述每一项流程所需时间简单地相加，明显会得到一个错误的答案。我们都知道在切菜、洗菜的同时可以烧水，上述工作同步进行，我们便可以更快地吃上饭。这就是一个最简单的工作流程。所以工作流程研究的就是工作内容的各个关键节点和要素之间的动态关系。所有的工作流程都是动态变化的，我们不可能刻舟求剑地用同一套方法去处理所有的影片制作问题。由于影片制作是如此的具有艺术性，因此在不同的影片中，我们需要着重处理这部影片的关键工作流程。只有这样，我们才能更高效地完成影片的制作。

◆ 设计工作流程

在工作流程的设计中，我们主要思考艺术、成本和技术3个层面的问题。我们首先要考虑影片内容，如果工作流程完全不能满足影片的艺术需求，那么再精致的画面也不能感动观众。

当然，我们还需要考虑制片成本。影片的制作周期严重影响着影片的制作流程。如果我们有充足的时间和较高的画质需求，我们便可以使用Log模式记录色彩，并在后期进行完整的调色流程，也可以通过Raw格式拍摄并进行离线剪辑。但是如果需要在短时间内低成本地完成影片的制作，那么上述工作流程便不适用了。我们可以通过其他更便于快速成片的工作流程拍摄影片，尽管由此得到的影片画质会有一定下降，但是在大多数新媒体平台上播放时几乎看不出差别。

根据影片的艺术要求，我们应该选用合适的摄影机并进行测试。很多时候厂家给出的摄影机参数并不能准确反映摄影机的性能。为了保证我们的使用，我们在拍摄前应该测试摄影机可用的宽容度、感光度，通过测试能够得知什么样的光线条件是摄影机能够记录的极限。当然，播放媒介不同，我们可接受的程度也不同。通常来说，由于新媒体视频的播放都会经过网络压缩，画质会受到一定损失，因此我们拍摄新媒体视频时可以接受比电影标准要求更低的摄影机。

工作流程中另一个主要的技术指标是摄影机的编码格式。如今常见的编码格式是H.264，但是越来越多的硬件开始支持H.265。H.265拥有更高的压缩率，能在更小的空间内存储更高质量的画面，但是对硬件的要求较高。如果你的电脑不支持采用H.265解码，那么剪辑以H.265编码的影片就是一种折磨。但是如果你的电脑拥有不低于英特尔的12代处理器或苹果的M1系列芯片，那么通常支持采用H.265解码，且解码过程非常流畅。

当了解了制片成本、艺术要求、技术指标后，我们便可以用流程图将影视后期制作（图14-5）和完片制作（图14-6）的工作流程画出来，这样的流程图能让我们更好地优化工作流程。

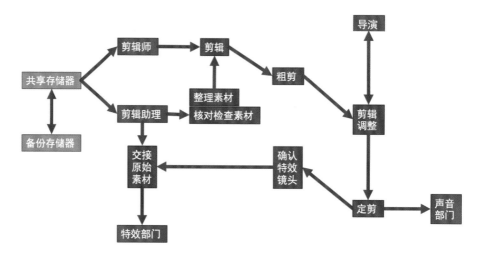

图14-5 后期制作流程图

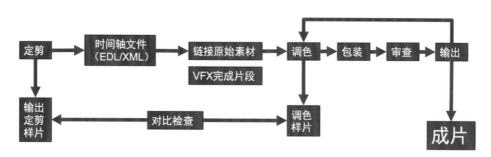

图14-6 完片制作流程图

15

后期艺术

现在我们走到了最后一步,也是最重要的工作流程之一——后期制作。前文中,我们都是从实践的角度谈论后期软件的使用的,但后期制作其实是一个艺术性极强的工作。剪辑师会给素材赋予灵魂并剪辑好的素材呈现在观众面前。如果前面拍摄的各种优秀素材没有得到最好的表现,那可真是暴殄天物。所以我们需要重新审视后期制作的各个环节,以最终得到一部完美的影片。

15.1

项目管理

在剪辑中,不仅影片要有艺术感,文件在电脑中存放的位置也要规范。这种规范的素材管理既能够让我们更快地找到想要的素材,也能让共同工作的伙伴很快地对接。

◆ **文件命名**

在开展后期工作时我们会面对大量的文件夹和文件,这些新建的文件夹或文件应该采用科学规范的命名方式,这样能够让我们高效地完成后期工作。

必须强调的一点是,文件夹或文件的命名尽量不要采用中文符号或空格。由于电脑的系统和软件都是由英文写成的,尽管可以识别中文,但是依然可能会出现一些莫名其妙的错误。如果我们一定要分割一些名词,可以用下划线"_"代替空格。

在命名时,一定要采取唯一文件名的命名方式。我们可以在摄影机中设置文件命名格式。一般来说,我们将文件命名为"项目缩写_日期_序列名"。图15-1所示为索尼摄影机的文件命名格式及示例,其他品牌的摄影机的文件命名格可参考此处。

摄影机	格式	示例
Sony A7 系列	项目缩写_YYMMDD_ 机位号_顺序号	BIFT_190101_A_0001
Sony FS7 Alexa mini RED Dragon	项目缩写_原始文件名	BIFT_A001C001_190101AB
上述摄影机拍摄的静态照片序列(每个镜头一个文件夹)	文件夹: 项目缩写_YYMMDD_镜头号	BIFT_200101_CTP001
	单帧: 项目号_镜头号_序列号	BIFT_CTP001_0001

图15-1 索尼摄影机的文件命名格式及示例

如果在摄像机中不能设置文件命名格式，那么我们在备份素材后应该第一时间对素材进行重命名。在macOS系统中我们可以使用系统自带的重命名工具对文件批量进行重命名（图15-2），在Windows系统中我们也可以使用相应的工具对素材批量进行重命名。在新建工程文件时，我们也要使用"文件名+日期"的规范格式进行命名，并且做到每天备份一次工程文件，以便随时找回以前版本的文件。

图15-2 在macOS系统中重命名素材

◆ 文件夹设置

一般来说，同一个项目的所有文件应该放在一个文件夹中，不要把文件放在硬盘的各个角落。这样项目需要整体移动时就不会发生素材丢失的情况。

在一个项目文件夹内，我们会建立若干子文件夹放置不同类型的文件。我推荐在项目文件夹中建立以下子文件夹。

【01Footage】素材文件夹：存放所有拍摄的原始素材，我们可以在其中建立子文件夹按时间分别放置不同的原始素材。

【02Proxy】代理文件夹：存放转换好的代理文件，代理文件的文件名应该与原始文件的文件名完全一致。

【03Project】剪辑工程文件夹：存放所有的剪辑工程文件及 XML、EDL、AAF 等格式的中间交换文件。

【04Sound】录音文件夹：按日期放置同期收音和后期录音的相关音频文件。

【05SFX】音效文件夹：存放所有音效文件，包括拟音、特殊音效、环境音等。

【06Music】音乐文件夹: 存放所有音乐。

【07PIC】图片文件夹: 存放所有图片。

【08VFX】视觉特效文件夹: 存放所有视频特效文件, 如特效镜头、特效附加文件、气氛粒子光效文件、遮罩转场文件等。

【09EXPORT】输出文件夹: 存放所有输出视频或音频文件, 包含小样和成片文件。

【10Others】其他文件夹: 存放所有与项目有关的其他文件, 例如剧本、分镜头脚本等。

◆ 离线剪辑

离线剪辑是剪辑时有效减少系统负载的一种操作方式。它的原理是把拍摄的原始素材先转换为对系统压力比较小、画质比较差的代理文件, 然后进行剪辑。剪辑完成后再把生成时间线连接原始文件, 实现高画质的输出和调色。

一般来说, 我们会在使用高码率、高压缩比编码的情况下使用离线剪辑。具体操作时, 我们会将文件转换为Prores422 proxy或DNxHR36编码格式, 这两种编码格式在各个系统和各个剪辑软件中的适用性都比较好。

在转换代理文件的过程中, 我们可通过 Adobe Encoder 或 Davinci Resolve等软件进行转换。再次强调, 代理文件的文件名要和原始文件的文件名保持完全一致, 并使用相同的时间码。转换后, 我们将代理文件输出在单独的文件夹中保存即可。

结束剪辑后, 我们可以删除代理文件或将其转移至不同的磁盘存储, 剪辑软件会离线所有文件并再次连接原始文件, 此时我们只需要指定连接原始文件所在的文件夹即可使素材恢复最高画质, 然后就可以进行调色了。

15.2

剪辑艺术

当做完所有的剪辑准备后, 我们就可以正式开始短视频故事片的剪辑工作了。短视频故事片的剪辑可谓是剪辑工作中最有难度的了, 这里的难并不是指要使用复杂的技术手段, 而是通过剪辑真正打动观众非常难。关于这一点, 推荐大家阅读剪辑师沃尔特·默奇 (Walter Murch) 的著作《眨眼之间》(*In the Blink of an eye*), 书中对于短视频故事片的剪辑艺术有比较深刻的论述。

而在本小节，我会告诉大家一些在日常工作中经常用到的、更加实用的剪辑技巧。当你掌握了这些剪辑技巧，至少不会在短视频故事片的剪辑工作中感觉毫无头绪或犯一些简单的错误。

◆ 剪辑的功能

剪辑到底是在剪什么？这是我们首先要弄清楚的问题。我们知道剪辑就是选择在成片中的每一个镜头，并决定它们的长度、位置和修饰方式。但应该依据什么样的原则去做出这些决定呢？

我们先要了解剪辑在当代影视作品中的4个基本功能：情感功能、叙事功能、节奏功能、空间功能。

情感功能是剪辑最重要的功能之一，不同的剪辑会激发观众完全不同的情感。苏联导演和电影理论家爱森斯坦说："电影的意义不在于镜头本身，而在于它们之间的碰撞。"如果我们用不同顺序的镜头讲述一个故事，可能会得到非常不同甚至完全相反的结果。因此，无论如何我们也应该先考虑：我们的影片到底想要观众感受到什么？然后根据这个问题的答案去剪辑。正因为情感功能如此重要，有时我们会过于注重情感功能，而忽略其他功能。

叙事功能让影片能够进行多角度、多时空的表达。我们在文学作品中经常会看到用插叙、倒叙等手法来丰富叙事形式的例子。同样，在短视频故事片中我们也可以通过剪辑让叙事形式变得丰富。这些或多线或非线性的叙事形式让观众感受到了不同人物、场景之间微妙的联结，并参与到故事的搭建当中。观众在脑海中脑补出故事的部分内容，更能让他们对故事产生兴趣。而有时候，这些叙事形式又是创作者表达观点的方式，也许就是这些非线性的叙事形式让观众对人与人之间的感情有了更深刻的理解。

节奏功能能够调节影片的叙事时间和观众的观看感受。通过不同的剪辑节奏，我们能将在很短的时间内发生的事情放大，让观众充分感受瞬间的细节；我们也可以将在很长的时间内发生的事情压缩到一瞬间，让观众感受事情快速的流转变化。在短促的镜头中，观众能感受到激情；在悠长的镜头中，观众能感受到深度。

空间功能则是让观众通过镜头之间的关系，了解影片内的空间，以及人物与空间的关系。我们可以通过几个不同角度的镜头来展示人物所处的空间或者人物与空间的关系，比较典型的便是正反打镜头：在图15-3所示的两个单人镜头中，两位演员彼此相对，预示着他们二人在空间中是面对面的。当然这也是创作者用来误导观众的方式之一。我们可以通过对空间的解构，适当地让观众对空间产生错觉，达到我们的创作目的。例如在恐怖片中，创作者就经常让观众认为空间中没有危险，再通过另一个镜头来达到吓观众一跳的目的。

图15-3 正反打镜头及演员所处的空间位置关系

以上就是剪辑的4个基本功能，而为了在剪辑短视频故事片时实现这些功能，我们必须要了解一些剪辑短视频故事片的基本方法。

◆ 短视频故事片剪辑的基本方法

我们经常会看到短视频或电影当中让人眼花缭乱的剪辑方法,想要模仿这些方法,但是无从下手。别着急,事实上很多剪辑方法都是由基本的剪辑方法变化而来的。我们只要了解一些基本的剪辑方法,将它们组合运用,就可以创作出让人耳目一新的影片。接下来就让我们来了解一下短视频故事片剪辑的5种基本方法吧!

动作剪辑:这是一种常见但是经常会被忽略的剪辑方法,因为它的另一个名字就叫作无缝剪辑。怪不得经常会被忽略呢!动作剪辑就是在人物做动作时切换角度或景别,让我们的视听语言能够描述更多的内容。例如在人物转身时,我们可以用一个全景镜头和一个特写镜头,在人物转身的瞬间进行切换,让观众不知不觉就深入这个人物的心理活动之中。

动作剪辑的要点是一般会在动作最大化的时候进行剪辑,并且尽量切换相差两挡以上的景别或角度(图15-4)。也就是说,不要在中景和近景之间或中景和全景之间进行切换,否则效果会非常奇怪。最好是在全景和近景之间进行切换。

图15-4 动作剪辑

在动作剪辑中，如果剪辑点更靠前，也就是前一个镜头更短，那就会更加强调后一个镜头，例如主角被人打了，那肯定是要强调主角被打之后的样子。如果剪辑点居中或者靠后，就会让人感觉这个动作非常快，从而感受不到这个动作的力度。有时我们也可以通过用2~3帧展示同一个动作，让动作看上去更饱满有力。

插入剪辑：插入剪辑是在镜头前后或中间插入另外一个镜头，这个镜头对整个故事起到解释或说明的作用。插入剪辑有很强的说明性，经常在两种情况下使用。一种是在给人物特写或近景镜头之后，紧接着插入另一个镜头，那么后一个镜头就是人物看到的场景（图15-5）。当然也可以换个顺序，在一个运动镜头之后紧接一个人物的近景镜头，那么观众就会认为刚刚的运动镜头就是人物所看到的。另一种是在一个镜头之中插入另外一个场景的镜头，这个插入的镜头有可能是人物的回忆，也有可能是对于人物心理活动或精神状态的意向性描写。这种用法被称为"表现主义蒙太奇"，能给观众很强的思想引导和暗示，让观众思考这些镜头之间的关系并得出结论。

图15-5 插入剪辑

交叉剪辑：如果我们在影片中将两个以上场景的镜头交叉剪辑在一起，那么这种剪辑就称为交叉剪辑（图15-6）。交叉剪辑的几个镜头可以展示同一时间的不同场景，这时交叉剪辑也称为平行剪辑。交叉剪辑能带给观众一加一大于二的感受，让两个场景的内容相互促进，给观众强烈的情感刺激。

图15-6　交叉剪辑

交叉剪辑多应用在"最后一分钟营救"的段落中。待营救对象处于危险中的场景和营救者披荆斩棘的场景相互交织，形成激动人心的场面。交叉剪辑也可以在多个对话场景中使用，让不同对话场景中的人物语言交替出现，在影片中形成互文的修辞效果。

匹配剪辑：匹配剪辑是用于场景之间转换的剪辑方法。我们通过相同或相似的画面或声音进行衔接，就可实现具有关联性的场景转换。

匹配剪辑在短视频故事片中使用得非常广泛。短视频故事片需要在短时间内展示多个场景，通过匹配剪辑就可以很好地加强不同镜头间的关联性。匹配剪辑可以借助画面中人物的动作，两个场景中的同一个人物（图15-7）或两个不同人物的相同动作进行转场；也可以借助相同或相似的形状进行转场。

图15-7 匹配剪辑

　　如果借助声音进行转场，可以将声音前置或后置，让后一场景的声音提前出现，匹配前一场景的画面，这样能够让观众感到两个场景之间的关联性。也可以让前一场景的声音延迟出现在后一场景，让画面过渡变得流畅自然。

　　跳切：跳切是一种非常特殊的剪辑方法。在动作剪辑中，如果前后镜头的景别、角度差异不大，会让人有跳跃感。但是跳切恰恰是一种营造跳跃感的剪辑方法。使用跳切的过程中，我们会将一个长镜头中的大部分内容剪掉，然后把其他部分直接衔接在一起。这样，观众会看到创作者想表达的最主要的部分，从而对内容有更精确的理解。跳切会营造一定的喜剧感，这种电影大师戈达尔发明的剪辑方法对于短视频时代的内容传播非常合适。跳切内容之间的摄影机构图和景别尽量不要有变化，变化的只是画面内的景物。跳切时，人物的位置和动作变化要尽可能大，让人能感受到画面的跳跃和变化。

　　以上5种就是短视频故事片剪辑的基本方法，其他剪辑方法基本都是在此基础上进行组合变化的。现在的新媒体视频剪辑风格可以总结为叙事多层化、视觉立体化、时空多变化。在这样的剪辑风格下，我们应该充分发挥剪辑方法对影片内容表达的核心作用，让我们的短视频故事片吸引更多的观众。

◆ 对话段落剪辑

下面我们来谈谈一个经常会出现的段落的剪辑方法，即对话段落。对话剪辑听上去非常简单，不就是"谁说话给谁镜头"吗？如果你是这么想的，想必你还没有了解对话剪辑。

事实上，对话剪辑最忌讳的就是"谁说话给谁镜头"。在对话段落中，我们一定不要"齐茬剪"。所谓"齐茬"，通俗意义上就是说话的声音和画面完全对位。这种剪辑方式会给人极大的跳跃感，而且会让演员的表演非常不流畅。

正确的剪辑方法应该是声音的剪辑点和画面是错开的。在剪辑对话段落时，我们可以让下一句对话的声音先入，或者在第一个人说话时提前插入后一个人的反应镜头，并紧接着让后一个人说话。这样会显得对话和画面更加自然流畅。

除了这些，在对话剪辑中，我们还经常会调整两个人说话的节奏和顺序。此时，我们应该先剪辑对话，让对话的节奏、顺序符合我们的需求。有时演员表演的节奏不准确，我们完全可以通过插入反应镜头、空镜头来调整对话的节奏，让对话段落更符合剧情的需要。

◆ 动作段落剪辑

动作段落是短视频故事片中另一个常常出现的段落。在动作段落中，我们需要用镜头而非语言向观众交代人物的行动和结果（图15-8）。如果剪辑得不好，经常会让观众看得一头雾水。

动作剪辑需要关注镜头序列的景别变化及剪辑点的选择。

动作剪辑的景别需要"错落有致"，既要有强调性的特写镜头，也要有中景或全景镜头展现人物与环境之间的关系。这里的"错落有致"并不是指两级镜头来回切换，而是几个小景别镜头之后跟一个大景别镜头，对动作加以解释。大景别镜头的时间要长，不能一晃而过。

选择剪辑点时要注意不能完全按照动作剪辑，否则会让人忽略动作。别忘了，动作剪辑是让观众忽略剪辑点的剪辑方法，所以如果在动作最大化的时候进行动作剪辑，我们也会忽略镜头切换。在动作剪辑时，如果我们想要强调某个动作，一定要把剪辑点放在这个动作最大化之前，让这个动作完整地保留在剪辑点的后一个镜头之中。甚至有时为了增加这个动作的力度，我们会重复一些帧，以显得动作更有力量。

图15-8 动作剪辑

　　为了让动作更清楚或者更有力量,我们在剪辑时会偷偷对动作镜头进行一些变速操作。我们可以使用【时间重映射】命令让同一个动作逐渐加速或逐渐减速。例如我们想要让打出去的拳头看上去更有力量,会在出拳之后略微加速。而如果我们想要打击的力量更强,会把挨打的镜头中人物挨打的瞬间稍微减速,让观众看到人物被打后受伤的样子,强化观众对动作的印象。

◆ 剪辑的节奏

　　节奏感是剪辑师最重要的素质之一。优秀的影视作品在节奏上通常有极强的掌控。谈到节奏感时,很多人误以为节奏感就是快,或者就是卡点,这些看法都是不对的。千篇一律的节奏并不会让观众感到欢快,而节奏恰好符合观众观赏影片的心理预期,才能让观众感到过瘾。

　　比较简单的掌握节奏的方式就是卡点,即卡音乐的节拍。音乐本身富有节奏变化和叙事性,如果我们可以严格地卡在音乐的节拍上,就能得到比较好的剪辑节奏。但是卡点不是一成不变的。我们在同一个段落中,可以一拍设置一个剪辑点,然后在两个小节之后改为两拍甚至四拍设置一个剪辑点。变化的节奏会让观众感到不单调,也可以让我们的叙事形式更丰富,景别运用"错落有致"。

当我们心中有了一些对影片剪辑节奏的把控之后，在无音乐段落中也要体现剪辑的节奏感。我们要注意观察不同镜头的运动速度，因为除了镜头长度，镜头本身的运动速度也会影响观众对节奏的判断。如果想要形成"错落有致"的镜头序列，我们可以在短促的镜头中使用固定镜头，而在较长时间的镜头中使用快速运动的中景或全景镜头。这样既不会让观众感觉沉闷，又不会让观众感到混乱。

同时，我们也要在镜头序列中变换帧率。我们可以让镜头长度的变化匹配镜头帧率的变化。在这一点上，我强烈建议大家多看几遍导演莱昂纳多·达雷桑德里（Leonardo Dalessandri）的作品《土耳其瞭望塔》。这部新媒体短片完美地诠释了帧率变化形成的节奏感。

15.3
短视频故事片的调色

我们追求画面的电影感，就是让画面的颜色和电影的颜色接近。专业的电影摄影机有更大的宽容度及色彩深度，在后期调色方面有极大的优势。但随着时代的进步，越来越多的小型摄影机也可以使用Log模式甚至Raw格式得到类似的富有电影感的画面。那么，如何处理这些画面就成为创作者营造电影感时必须面对的问题了。

如今，无论是使用Premiere或Final Cut等剪辑软件自带的调色工具，还是Davinci Resolve等专业调色软件，我们都可以对Log画面或Raw画面进行处理。但是很多创作者只是简单地通过LUT处理拍摄到的画面。这些LUT说白了仅仅是给画面添加了一个滤镜，并不算是完成了影片个性化颜色的创作。那么面对灰蒙蒙的Log画面时，我们应该以什么样的思路来处理呢？

◆ 颜色的叙事

在处理颜色之前，我们先要了解颜色对于画面的意义。不同颜色会给人带来不同的感受，例如红色会让人感到亢奋和激动，蓝色会让人感觉静谧和冷峻，这些颜色对人心理产生的影响长久以来被总结为色彩心理学。而视频创作者对这些原理加以利用，就可以让颜色辅助叙事。

在创作一部影片前，我们可以先设计出它的主题色，这样在场景设计、摄影、后期调色3个层面就可以营造一致的色调，让色彩为影片的叙事服务。我们可以直接用颜色营造故事的主题。例如当我们使用红色和青色时，就会给人很强烈的未来感和科技感。同样的题材，我们就很难用橙色和蓝色来体现,因为橙色和蓝色看起来很有自然和田园气息。相对来说,青色不是自然界中经常能看到的颜色。

◆ **场景主题色**

由于颜色对故事叙事的帮助,我们大多数时候会为每个场景设计一个主题色。你如果仔细观察过电影画面和日常场景,就会发现在电影场景中,大部分时候只会出现一两种颜色。从广义上来说,尽管我们看到的是彩色电影,但是它们依然是某种意义上的"黑白电影"。

除了制作时可以对场景进行调色外,后期打造电影感颜色的方法就是使用调色软件。事实上我们很难在低成本的影片为场景设计主题色,因为那样势必会花费大量的金钱。而在调色软件中,我们可以利用二级调色工具降低非主题色外其他色相的饱和度或明度,让场景中只保留一两种颜色,这样的调整会让影片瞬间充满高级感(图15-9)。

图15-9 调色前后对比

在这里,我们通常使用【色相与饱和度】曲线或【色相与亮度】曲线进行调整。而相应地,我们可以使用【亮度与饱和度】曲线对影片中暗部颜色的饱和度进行提高,对亮部颜色的饱和度进行降低。这样调整后的画面更符合人眼的视觉习惯。

◆ **肤色**

在调色过程中,我们尤其要注意对肤色的校正和保护。人眼对肤色是非常敏感的,如果影片中肤色出现了问题,那么整个画面就会显得很脏或者很假。在【示波器】的【矢量图】中,我们会看到一个关于肤色的指示。我们可以参考这个指示(一条线),让肤色在【矢量图】中尽量贴近这条线(图15-10)。

图15-10 肤色调整

我们在调整画面整体颜色时，经常会无意中破坏肤色，或者过分追求"粉白透"的肤色，这些行为都是非常不可取的。调色时最好单独把肤色提取出来进行调整。调色过程中也不要脱离整体颜色的倾向，一味地追求白皙的肤色，那样会使得整个画面非常不协调。

15.4

声音设计

除了画面颜色，短视频故事片电影感的另一大来源就是声音。有时我们还没看到画面，光听声音就知道这部影片制作精良。相对于画面，我们对声音制作的关注确实太少。这一方面是因为新媒体视频的声音播放途径大多堪忧，大部分都是通过手机播放；另一方面我们确实在思想上不够重视声音的作用。但是声音制作的性价比其实是很高的，因为声音可以极大地扩展画外空间，有些在视觉上很难表现的内容，完全可以通过声音来表达，让影片叙事更加丰满。

在制作所有声音之前，我们先要进行声音设计。这项工作就像剪辑一样，是一个对纷繁的声音元素进行选择、截取，最终形成影片声音的过程。通过声音设计，我们可以让影片中的声音完全符合影片传递内容的要求，给观众带来更多维度的观影体验。在进行声音设计之前，我们先要回答一个重要的问题——什么声音能被听到？

◆ 什么声音能被听到

我们再来回答一个非常简单的问题：大树倒下去时会发出声音吗？

根据物理学知识，声音是一种机械波。由于物体的震动，这些机械波会通过空气或其他介质传递到我们的耳朵里，被我们听到。可想而知，大树倒下时一定会发生巨大的震动，那会发出声音是毋庸置疑的。

且慢，不知道你们有没有过这样的体验：在巨大的精神刺激或压力之下，我们会忽略很多声音。比如极度兴奋或悲伤时，别人在一旁唤你的名字，你可能并不会发觉。或者当你全身心投入某件事时，外界的大多数声音都会被你忽略。你发现没有，有些时候"听到"声音其实是一种主观的感受。而电影中的声音在很多时候都是在传递影片中人物的主观感受，这样才能让观众更加贴近影片中的人物。比如在电影《黑鹰坠落》中，突击队员在直升机上进入摩加迪沙。尽管直升机引擎会发出巨大的轰鸣，但是我们在影片中听不到任何直升机发生的声音，取而代之的是一些诡异的声响。在这样的声音配合下，画面中的索马里海岸线就像是外星世界一样，展现出了完全异化的场景。而当年的亲历者在观看这一片段后不禁大加赞叹，他们都表示这样的声音与他们当年的感受几乎一模一样。

所以你发现了吗？影片中的声音并不一定是客观环境中出现的声音。我们需要通过声音设计对声音进行强化、弱化或风格化处理。那么，具体应该怎样做呢？

◆ 强化和弱化

在影片中，声音主要分为人声、音效、音乐3种类型，这3种类型的声音也是声音设计的主要元素。

人声可以被细分为对白、旁白和独白。在设计时，我们主要通过对均衡器（Equalizer）的控制，来增强和减弱人声在所有声音中的独特性。有时候我们并不需要提高人声整体的音量，而是可以将男声或女声中比较独特的频率加以提高。我们可以通过Premiere中【基本声音】面板里的相关功能（图15-11）实现这一操作。

同样，我们有时也可以忽略或模糊人声。比如，我们可以将人声的频率范围变窄，形成对讲机或电话中的声音效果。也可以将中高频段的声音直接去除，只保留低音部分，此时声音就会变得很闷，让人感觉主角听到的声音非常混沌，从而反映主角内心的情感变化或身体机能的变化。

而关于音效，我们可以将其细分为脚步声、动效、特殊音效、环境音等。在影片中，只有主要角色会有单独的脚步声和动效。这些音效的加入极大地提高了主角在影片中的辨识度。就算在人群之中，我们也可以很容易地通过音效分辨出谁是主角。

而环境音也是我们在声音设计中需要着重思考的音效之一，环境音的变化会极大影响观众对影片环境的感受。有时，我们会通过提高环境音的音量，让观众感受到主角的孤独。当影片中没有其他声音，只剩下环境音时，搭配远景镜头，会让观众感受到强烈的无力感。

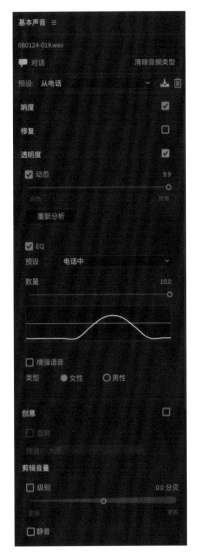

图15-11 Premiere的【基本声音】面板

◆ 声音的风格化处理

前文提到，声音设计有强烈的主观性。但是这种主观性是建立在客观声音的基础之上的。因此在声音设计的过程中，我们尤其要想清楚声音的风格。比如在现实主义的影片中，声音设计要趋于客观，如果出现搞笑音效等不合时宜的声音，就会显得非常低级。

同样，如果影片风格趋近于戏谑杂耍，那么声音也不能过于稳重客观。在卡通化的影片中，我们可以通过加入音效让影片整体更活泼，也可以给人物匹配不同的音效，使人物有较高的辨识度。

有时候，拟音会让影片充满"超真实"的风格。对于一些细微的声音，我们在日常生活中是听不到的，因此在影片中模拟这样的声音，能让影片内容具有不真实感，引发观众思考影片内容背后蕴含的深刻含义。

总之,声音设计能让影片超越客观的真实性,在我们想表达的思想和人物的情感之间搭起一道桥梁。通过这座桥梁,观众能够更彻底地感受人物的所思所想,能够更加理解人物的行为和故事的走向。并且,声音设计还是我们拓展故事空间和渲染故事气氛的主要方法。而谈到气氛,我们接下来就不得不谈谈音乐在影片中的作用。

15.5

音乐

音乐作为一种独立的艺术形式,如果善加使用,能让我们的影片质量得到极大的提升。本书篇幅有限,就不详细阐述音乐创作或音乐美学的相关内容。但是,我们至少应该管中窥豹般地了解音乐在短视频故事片中的应用。而在这之前,我们要先回答一些简单的问题,例如影片中的音乐都分为哪些类型?

◆ 有源音乐和背景配乐

在短视频故事片中,音乐可以分为有源音乐和背景配乐两种类型。

顾名思义,有源音乐就是在场景内,有音乐源发出的音乐。例如演员在场景中唱歌,收音机或者耳机中播放的音乐,或者场景中有乐手在演奏的各种音乐。这些音乐在场景中被恰当地设计,能让故事在场景中得到升华。尤其是在观众听到的音乐和角色听到的音乐是一样的时,会让观众与故事中的人物贴得更近。

而背景配乐则不需要在场景中有音乐源。背景配乐会强烈影响影片内容,尤其是剪辑和表演。在音乐的衬托下,演员的表演和影片的剪辑都更容易达到高潮。背景配乐是场景中故事的注解,会在不知不觉中让影片升华。

有时候,有源音乐和背景配乐是可以相互转化的,这也是创作者让观众进入影片世界的方法。例如我们通过一段背景配乐转场后,在下一个场景中主角摘掉耳机或者关掉收音机,音乐立刻停止。此时观众瞬间意识到刚刚听到的音乐是影片中人物听到的音乐,一下子就和人物贴近了很多。抑或是人物唱出一段歌曲，这段歌曲不断加入乐器演奏的声音（这些乐器在场景中并不存在），然后音乐不断发展，变成背景配乐，能让观众被深深打动。

◆ 音乐的作用

自电影诞生之初，音乐就伴随着电影的发展。从无声时代到有声时代，音乐一直发挥着各种各样的作用。在现代影片中，音乐主要有以下作用。

首先，音乐能够辅助电影的叙事节奏。音乐本身的节奏会为影片注入能量，让观众在观影过程中逐渐被这种感官体验包裹。有时，影片的剪辑节奏会严格与音乐节奏匹配，形成视觉和听觉互相促进的冲击力。

其次，音乐能够帮助电影表达感情。音乐本身就充满感情，或威武雄壮，或清新自然，或阴沉恐怖。音乐中的不同配器能够带给观众直观的感受。例如饱满的鼓点会使观众产生不断向前行进的冲动，而以某种方式弹奏小提琴会给观众神秘恐怖的感受。当然，同一个配器通过不同音色和节奏的表演，会给观众带来完全不同的感受。例如弦乐既能够表达浪漫的情感，也能够渲染阴森的氛围。有时候，音乐和电影展现的内容会恰恰相反，给观众带来强烈的反差和震撼。例如在一些残酷忧伤的场景中播放悠扬的交响乐，会让观众感觉眼前的一切更加残酷忧伤。

◆ 短视频故事片中的音乐

短视频平台对于音乐内容非常敏感，一段较短的时间之内，某个音乐就有可能成为很大的流量入口。如果短视频中带有相关音乐，会让这个短视频的流量倍增。同时，如果短视频的内容优质，那么这个短视频中的音乐有可能成为下一个流量入口。

大部分短视频中的音乐都来自当季的流行音乐，除此之外，大量短视频会使用有节奏的电子音乐。这是由于电子音乐制作较为容易，其强烈的节奏感也更容易被年轻人接受。但是，电子音乐的旋律性较差，很容易让观众产生厌倦情绪。使用电子音乐时，我们要想办法加入一些旋律，进一步渲染影片情绪。

一部分创作者会直接使用音乐作为短视频故事片的主题，其中比较有代表性的是"过期罐头"。该账号发布的视频总以一首歌或一句歌词为主题，围绕这个主题讲述一个故事，最后将歌曲唱出来，表达丰沛情感。

当然，也有一些更注重艺术性的创作者在他们的短视频故事片中使用摇滚或后摇滚类型的音乐。这些音乐带有强烈的叙事性，让观众很容易沉浸到故事的情绪之中。甚至有些创作者直接使用电影原声作为配乐，但这不免会产生一些版权问题。在版权意识越来越强的今天，这些创作者必须尽快摆脱对电影原声的依赖。目前在新媒体平台中有大量的音乐创作人，他们会对经典音乐进行个性化的演奏或改编，这些带有新媒体基因的配乐，可能更能引发观众的共鸣。如果能够在协商共赢的基础上使用这些音乐，将来一定会为短视频创作者和音乐创作人都带来可观的流量。

后记

本书尽可能由浅到深地为大家讲解不同类型新媒体视频的制作方法，其中很多内容都是我多年以来在制作中总结的一些经验。当然，很多内容受篇幅限制讲得不是非常详细。本书写了很长时间，因为在这个过程中我除了要完成学校的教学工作，同时要制作大量的视频项目，着实力不从心。如果有机会，我一定会努力将书中的内容进行进一步的细化。

要知道视频制作领域的更新迭代速度是很快的。前几天我整理家中旧书，无意间翻到了十几年前有关数字视频拍摄制作的小册子，现在看起来真感觉恍如隔世。短短十几年里，我们从模拟时代快速进入数字制作时代，并正以更快的速度进入新的时代。这让技术非常容易过时。也许现在让人感到新奇的技术，几年后便"飞入寻常百姓家"，变成了每个人手机上都有的应用程序。

但是总有一些事情是不变的，例如人类的感情。我们的快乐和忧伤和多年前的人们并无二致。我们依然能从如今的短视频中对于老电影的剪辑和解读看到人们对于优质内容的渴望。我也依稀记得自己在上学时，老师告诉我："如果你能用9分钟讲好一个故事，你也同样能用90分钟讲好这个故事。"当然，90秒、9分钟和90分钟的故事的节奏是完全不一样的，但我们仍然能挖掘出一些共通的东西——那些能够拨动人心弦的内容。

我知道，任何行业中都有所谓的"鄙视链"。就好像过去拍电影的人瞧不起拍电视剧的人，总是称那些人为"拍磁带的"。而到了新世纪，大家又瞧不上拍"网大""网剧"的，总觉得他们是一些非专业的草台班子。直到如今，影视行业的一些人依然会对拍短视频的人嗤之以鼻。尽管我是"学院派"，但我不会这样看待不同的媒介和形式。技术的进步带来的最大好处是降低了门槛，让所有人能在平等的平台上表现自己。而在这样的时代里，介质、平台早已不是区别创作者的标准。谁能更好地抓住观众，让观众体会创作者想表达的内容，谁就是最好的创作者。诚然，在新媒体平台上，依然有大量低俗、无聊、博眼球的内容，但是创作者只要能制作出质量更好的新媒体视频，就能和更广大的观众拥抱在一起。届时，所有的创作和内容会变得更加公平，在去中心化的平台上，观众可以自由选择优质的内容。我热切地期盼着这一天的到来。

本书的完成要特别感谢编辑王汀老师的帮助和督促，如果没有他，我可能要花更长时间撰写本书。希望这是一个好的开始，让我能传递更多的知识。感谢本书的另一位作者尹丽贤师妹，她的认真工作让本书在内容上更加丰富。感谢所有同事们在工作中提供的帮助，书中很多影片是我们共同制作的，我们也将继续奋战在创作和教学一线。感谢所有帮助过我的老师，无论是人大附中、中国传媒大学还是英国约克大学的老师，所有老师的教诲我都会谨记在心。最后要感谢我的家人，你们是我最坚实的依靠。

如果您有任何问题或者对本书内容的指正，请随时联系人民邮电出版社。我会在适当的时候对本书进行进一步的更新，并会尽快推出相关的视频教程，让您的学习更有效果。

感谢各位的支持，谢谢！

孙一凡

2022年夏至